數位科技概論 Contents

單元 ① 數位科技基本概念

- 第1章　數位科技的概念 Ans-A-1
- 第2章　數位化概念 Ans-A-4

單元 ② 系統平台

- 第3章　系統平台的硬體架構 ... Ans-A-8
- 第4章　系統平台的運作與
　　　　未來發展 Ans-A-15

單元 ③ 軟體應用

- 第5章　常用軟體的認識
　　　　與應用 Ans-A-18
- 第6章　智慧財產權與
　　　　軟體授權 Ans-A-20

單元 ④ 通訊網路原理

- 第7章　電腦通訊與電腦網路 Ans-A-23
- 第8章　電腦網路的組成與
　　　　通訊協定 Ans-A-25
- 第9章　認識網際網路 Ans-A-29

單元 ⑤ 網路服務與應用

- 第10章　網路服務ᅠ................ Ans-A-32
- 第11章　雲端運算與物聯網 Ans-A-34

單元 ⑥ 電子商務

- 第12章　電子商務的基本概念
　　　　與經營模式 Ans-A-35
- 第13章　電子商務安全機制 Ans-A-37

單元 ⑦ 數位科技與人類社會

- 第14章　個人資料防護
　　　　與重要社會議題 Ans-A-39
- 第15章　數位科技與現代生活 .. Ans-A-43

數位科技應用 Contents

單元 ① 商業文書應用

第1章　認識文書處理軟體 ……Ans-B-1
第2章　Word文件的編輯與
　　　　美化 …………………Ans-B-3

單元 ② 商業簡報應用

第3章　認識簡報軟體 …………Ans-B-4
第4章　PowerPoint的
　　　　基本操作 ……………Ans-B-6

單元 ③ 商業試算表應用

第5章　認識電子試算表軟體 …Ans-B-8
第6章　Excel資料的計算與
　　　　分析 …………………Ans-B-10

單元 ④ 雲端應用

第7章　網路帳號與雲端應用 …Ans-B-15
第8章　雲端影音資源與行動裝置
　　　　App之應用 …………Ans-B-17

單元 ⑤ 影像處理應用

第9章　影像處理 ………………Ans-B-19
第10章　PhotoImpact 影像處理
　　　　軟體 …………………Ans-B-22

單元 ⑥ 網頁設計應用

第11章　網站規劃與
　　　　網頁設計 ……………Ans-B-23
第12章　網頁設計軟體 ………Ans-B-26

單元 ⑦ 電子商務應用

第13章　電子商務平台的
　　　　認識 …………………Ans-B-27
第14章　線上購物商店的規劃、
　　　　架設與管理 …………Ans-B-28

單元 1　數位科技基本概念

第 1 章　數位科技的概念

得分區塊練　A1-2

| 1.C | 2.C | 3.A |

得分區塊練　A1-4

| 1.C | 2.A | 3.A | 4.A | 5.B | 6.C | 7.C | 8.B | 9.C | 10.A |

詳解

3. 每月水電費單據列印、公司員工薪資計算、入學測驗閱卷都是採用批次處理。

5. 雷達偵測系統、安全監控系統、圖書館書籍查詢系統都是採用即時處理。

得分區塊練　A1-6

| 1.C | 2.A | 3.D | 4.B | 5.D | 6.C | 7.C |

詳解

2. 馮紐曼提出內儲程式的觀念，建議將程式和資料同時儲存在電腦的記憶體中，可加速電腦執行的速度。

7. 第一代是真空管、第二代是電晶體、第四代是超大型積體電路。

得分區塊練　A1-9

| 1.D | 2.A | 3.A | 4.A | 5.A | 6.A | 7.B | 8.D |

詳解

1. 知識庫是用來儲存演繹規則與相關事實（經驗）；
   VRML（虛擬實境模型語言）是建構虛擬實境系統所使用的語言。

得分區塊練　A1-11

| 1.C | 2.A | 3.B | 4.C |

詳解

2. 1byte = 8bits。

4. $\dfrac{2,500}{160} \fallingdotseq 16$、$\dfrac{3,000}{200} = 15$、$\dfrac{3,500}{300} \fallingdotseq 12$、$\dfrac{6,000}{400} = 15$

∴ 300G：3,500元最經濟（便宜）。

數位科技概論 滿分總複習【解答】

得分區塊練 A1-12
1.D	2.B

情境素養題 A1-13
1.D	2.B	3.B

精選試題 A1-13

1.D	2.C	3.C	4.C	5.A	6.D	7.C	8.B	9.D	10.D
11.B	12.A	13.A	14.C	15.D	16.C	17.C	18.B	19.B	20.A
21.A	22.B	23.D	24.D	25.C	26.C	27.B	28.C	29.D	30.B
31.B	32.C	33.D	34.B	35.B	36.C	37.C	38.D	39.B	40.C
41.A	42.B	43.B	44.A	45.B	46.B				

詳解

15. 依處理速度排列：超級電腦 > 中大型電腦 > 工作站 > 個人電腦。

18. 電腦發展的演進過程：真空管→電晶體→積體電路→超大型積體電路。

19. CPU：中央處理單元；CAI：電腦輔助教學；MIS：管理資訊系統。

29. 1 TB = 2^{40} bytes。

31. 10ns = 10×10^{-9} = 10^{-8} = $10^{-5} \times 10^{-3}$ = 10^{-5}毫秒。

32. 1000ns = 1μs = 0.001ms = 10^{-6}秒；
    10ms = 10×10^{-3}秒 = 10^{-2}秒。

35. 檔案占用的儲存空間：(4.5 × 1,024MB) + 80MB + 100MB = 4,788MB
    1片4.7GB的DVD光碟片容量為1 × 4.7GB ≒ 4,813MB
    7片650MB的CD光碟片容量為7 × 650MB = 4,550MB
    3個2G隨身碟的容量為3 × 2GB = 6GB = 6,144MB
    ∴7片650MB的CD光碟片容量無法儲存所有的資料。

37. $\dfrac{1}{5,000,000}$ = 0.0000002 = 0.2×10^{-6}秒 = 0.2μs。

38. 1PB = 1,024TB；1byte = 8bits；1ms = 10^{-3}秒。

39. $\dfrac{3,258,000 \text{ Bytes}}{1,024} = \dfrac{3,181.6\text{KB}}{1,024} ≒ 3.1\text{MB}$。

42. 512PB = (512 × 1,024)TB。

43. 4種儲存設備的容量由大至小分別為：2TB > 32GB > 2GB = 2,048MB。

44. $32\text{GB} - \dfrac{300 \times 6\text{MB}}{1,024} - (8 \times 2.5\text{GB}) ≒ 10.24\text{GB}$。

統測試題	A1-17								
1.C	2.A	3.D	4.C	5.D	6.C	7.B	8.C	9.C	10.D
11.C	12.B	13.B	14.C	15.A	16.B				

詳解

1. 1024μs > 1ms > 500ns > 100000ps。

5. A～Z及a～z的英文字母共26 + 26 = 52個，所以最少需要$2^5 < 52 < 2^6$ = 6個bits。

10. (A)隨身碟4GB = 4 × 1,024MB = 4,096MB，歌曲800首 × 5MB = 4,000MB，
    4GB隨身碟可存800首5MB歌曲；
    (B)硬碟1TB = 1,024GB，隨身碟125個 × 8GB = 1,000GB，1TB硬碟可存125個8GB隨身碟；
    (C)1個半形英文為1byte，1,000個半形英文 = 1,000bytes，1KB = 1,024bytes；
    (D)記憶卡8GB = 8 × 1,024MB = 8 × 1,024 × 1,024KB = 8,388,608KB，
    8,388,608 / 800 = 10,485，8GB的記憶卡可儲存800KB的照片約10,485張。

13. 1GB約1,000MB，故(32 × 1,000) ÷ 5MB = 6,400張，
    故32GB的記憶卡，大約可存6,500張5MB的數位照片。

15. 安全監控系統、飛彈攔截系統皆屬於即時處理（Real-Time Processing）。

16. 「統測閱卷」的資料處理方式採用批次處理。

第2章 數位化概念

得分區塊練 A2-2

| 1.D | 2.C | 3.B |

詳解

3. 二進位數所能使用的符號只有0與1，故1A非二進位數。

得分區塊練 A2-3

| 1.B | 2.A | 3.D | 4.A |

詳解

2. $(1010.101)_2 = (10.625)_{10}$；$(12D)_{16} = (301)_{10}$；$(127)_8 = (87)_{10}$。

4. $(123)_8 = 1 \times 8^2 + 2 \times 8^1 + 3 \times 8^0 = 64 + 16 + 3 = (83)_{10}$。

得分區塊練 A2-6

| 1.C | 2.C | 3.C | 4.B | 5.A |

詳解

2. 八進位數所能使用的符號是0～7，故168非八進位數。

3. $(1010010.111)_2 = (82.875)_{10}$；
   $(1110000.001)_2 = (112.125)_{10}$；
   $(1100101.11)_2 = (101.75)_{10}$。

4. 十六進位數所能使用的符號是0～F，故16G非十六進位數。

5. $(1011.1)_2 = (11.5)_{10}$；$(16C)_{16} = (364)_{10}$；$(172)_8 = (122)_{10}$。

得分區塊練 A2-8

| 1.B | 2.C | 3.C |

詳解

1. 將二進位數值11001101中的每一位元取其反相（即1變0，0變1），因此答案應為00110010。

3. $(35)_{10} = (00100011)_2$，將每一位元皆取其反相後再加1 = $(11011101)_2$。

答案與詳解

得分區塊練	A2-10
1.D 2.A 3.A 4.D 5.D 6.B	

詳解

3. 內碼由小至大順序為：A(65) < B(66) < C(67)。

5. ASCII使用8bits（1byte）來表示1個字元，Apple-iPod共有10個字元，因此需使用10個位元組的記憶體空間。

得分區塊練	A2-11
1.C 2.C 3.C	

詳解

1. UNICODE為國際標準化組織（ISO）與美國的Unicode Consortium共同制訂的一種世界共通的文字編碼系統。

2. 使用不同內碼的電腦系統，必須透過交換碼才能使它們互相交流溝通。

得分區塊練	A2-14
1.A 2.B 3.C 4.D 5.B	

詳解

2. 聲音的產生是來自於物體的振動。

4. 位元度16代表可記錄2^{16}（65,536）種聲音高低強弱的變化。

得分區塊練	A2-15
1.C 2.D	

詳解

1. 向量影像適合呈現簡單線條組成的圖案。

得分區塊練	A2-17
1.D 2.C 3.B 4.C 5.B 6.C 7.A	

詳解

2. JPG通常採破壞性壓縮，無法維持完整影像品質。

3. JPG檔案通常採破壞性壓縮，影像會產生失真的現象。

7. TGA：檔案較大，可儲存圖片的透明度資訊，通常為專業美術人員使用；
   TIF：檔案較大，適用於印刷輸出；
   MOV：影片檔，非圖片檔。

數位科技概論 滿分總複習【解答】

得分區塊練 A2-20
1.B　2.D

情境素養題 A2-21
1.D　2.D　3.B　4.D

精選試題 A2-21

1.B	2.C	3.A	4.D	5.D	6.C	7.A	8.C	9.D	10.B
11.D	12.C	13.B	14.D	15.B	16.D	17.B	18.D	19.B	20.C
21.A	22.D	23.C	24.B	25.C					

詳解

3. $(67)_8 = (55)_{10}$，所以$(67)_8 > (54)_{10}$成立；
   $(23)_{16} = (35)_{10}$，所以$(17)_{10} > (23)_{16}$不成立；
   $(11011)_2 = (27)_{10}$，所以$(11011)_2 < (25)_{10}$不成立；
   $(1111)_2 = (15)_{10}$，所以$(32)_{10} < (1111)_2$不成立。

4. $(1011101.111)_2 = (135.7)_8 = (93.875)_{10}$；$(50.7)_{16} = (80.4375)_{10}$。

17. 振動頻率高的聲音，音調會較高，與是否宏亮、粗啞無關。

18. 樣本大小8bits共可記錄256（2^8）種變化。

19. 聲音檔大小 = $44,100 \times 8 \times 7 = 2,469,600$bits ≒ 301KB。

22. TIFF類型的影像可處理全彩影像；
    GIF類型才是只可處理256色。

統測試題 A2-23

1.D	2.D	3.C	4.D	5.D	6.A	7.B	8.B	9.C	10.D
11.A	12.B	13.C	14.C	15.B	16.C	17.D	18.D	19.A	20.A
21.D	22.C	23.C	24.B	25.D	26.D	27.D	28.C		

詳解

3. 在二進制中可使用1bit來表示0與1兩種狀態（$2^1 = 2$）；2bits來表示4種狀態（$2^2 = 4$）。
   所以若要表示α族的12種文字，需要至少4bits（$2^3 < 12 < 2^4$）。

15. 取樣頻率（sampling rate）：指每秒擷取聲音的次數，單位為赫茲（Hz）。
    取樣頻率越高，越能完整記錄原來的聲音。
    如：CD的取樣頻率為44,100Hz，代表每秒取樣44,100次。

16. (A)影像放大與縮小都會有失真現象；
    (B)影像放大會有鋸齒狀；
    (D)向量圖是以數學方程式來定義影像中的點與線段。

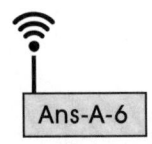

17. $300 \times 200 \times 3 \times 20 \times 20 = 72{,}000{,}000$ Bytes。

19. AI檔案格式屬於向量圖；
    PNG、JPG、BMP檔案格式屬於點陣圖。

21. (A)影音取樣的頻率愈大，則取樣後的數位影音越能完整記錄原來的聲音；
    (B)影音取樣的位元愈多，則取樣後的數位影音能記錄聲音的種類愈多；
    (C)影音取樣的頻率愈大，則取樣後的數位影音檔案愈大。

22. $01001110_{(2)} = 1 \times 2^6 + 1 \times 2^3 + 1 \times 2^2 + 1 \times 2^1 = 64 + 8 + 4 + 2 = 78_{(10)}$；
    $132_{(8)} = 1 \times 8^2 + 3 \times 8^1 + 2 \times 8^0 = 64 + 24 + 2 = 90_{(10)}$；
    $19_{(16)} = 1 \times 16^1 + 9 \times 16^0 = 16 + 9 = 25_{(10)}$；
    故 Ans $= 78_{(10)} + 113_{(10)} + 90_{(10)} + 25_{(10)} = 306_{(10)}$。

23. MIDI、MP3、WAV皆為數位音訊格式。

25. 此試題的命題目的不是死背ASCII碼，而是運用進位制轉換來推算；
    $50_{16} = 5 \times 16^1 + 0 \times 16^0 = 80 + 0 = 80_{10}$；
    $49_{16} = 4 \times 16^1 + 9 \times 16^0 = 64 + 9 = 73_{10}$，故$80 - 73 = 7$；
    已知英文字母I的ASCII值為49_{16}，往後推算7個英文字母即為英文字母P（50_{16}）。

26. $7A_{16} = 7 \times 16^1 + A \times 16^0 = 112 + 10 = 122_{10}$；
    $273_8 = 2 \times 8^2 + 7 \times 8^1 + 3 \times 8^0 = 128 + 56 + 3 = 187_{10}$；
    $1230_4 = 1 \times 4^3 + 2 \times 4^2 + 3 \times 4^1 + 0 \times 4^0 = 64 + 32 + 12 + 0 = 108_{10}$；
    $10111101_2 = 1 \times 2^7 + 0 \times 2^6 + 1 \times 2^5 + 1 \times 2^4 + 1 \times 2^3 + 1 \times 2^2 + 0 \times 2^1 + 1 \times 2^0$
    $= 128 + 0 + 32 + 16 + 8 + 4 + 0 + 1 = 189_{10}$；
    故$10111101_2 > 273_8 > 7A_{16} > 1230_4$。

27. 此試題的命題目的不是單純的考影像處理的色彩轉換，而是運用進位制轉換（十進位、二進位互轉）再進行XOR位元運算來推算。
    每位元 XOR(1, 1) = 0、XOR(0, 0) = 0、XOR(1, 0) = 1、XOR(0, 1) = 1。
    黃色(255, 255, 0) → (11111111, 11111111, 00000000)
    青色(0, 255, 255) → XOR (00000000, 11111111, 11111111)
    (11111111, 00000000, 11111111) →洋紅色(255, 0, 255)
    故當黃色及青色經過混色器所得到的顏色為洋紅色。

28.
$1010101_2 = 1 \times 2^6 + 1 \times 2^4 + 1 \times 2^2 + 1 \times 2^0$ $= 85$	$1110001_2 = 1 \times 2^6 + 1 \times 2^5 + 1 \times 2^4 + 1 \times 2^0$ $= 113$
$127_8 = 1 \times 8^2 + 2 \times 8^1 + 7 \times 8^0 = 87$	$157_8 = 1 \times 8^2 + 5 \times 8^1 + 7 \times 8^0 = 111$
$57_{16} = 5 \times 16^1 + 7 \times 16^0 = 87$	$71_{16} = 7 \times 16^1 + 1 \times 16^0 = 113$
$1101101_2 = 1 \times 2^6 + 1 \times 2^5 + 1 \times 2^3 + 1 \times 2^2 + 1 \times 2^0$ $= 109$	$1011010_2 = 1 \times 2^6 + 1 \times 2^4 + 1 \times 2^3 + 1 \times 2^1$ $= 90$
$155_8 = 1 \times 8^2 + 5 \times 8^1 + 5 \times 8^0 = 109$	$132_8 = 1 \times 8^2 + 3 \times 8^1 + 2 \times 8^0 = 90$
$6D_{16} = 6 \times 16^1 + 13 \times 16^0 = 109$	$4A_{16} = 4 \times 16^1 + 10 \times 16^0 = 74$

故$1101101_2 = 155_8 = 6D_{16} = 109$。

單元 2　系統平台

第 3 章　系統平台的硬體架構

得分區塊練　A3-4

| 1.D | 2.D | 3.C | 4.D | 5.D | 6.B | 7.D | 8.B | 9.B | 10.C |
| 11.D | 12.A |

詳解

3. 控制單元負責指揮、協調電腦各單元的運作；
   負責AND、OR、NOT等邏輯運算的單元是算術／邏輯單元。
4. 計算工作是由算術／邏輯單元所負責的。
5. 中央處理單元包含控制單元與算術／邏輯單元。
6. 2^{29}bytes = $2^9 \times 2^{20}$bytes = 512MB。
7. 資料匯流排的傳輸方向為雙向。
8. 電腦所使用的匯流排有資料、位址、控制等3種。
9. 2^Nbytes ≥ 1GB = 2^{30}bytes；N = 30。

得分區塊練　A3-5

| 1.D | 2.D | 3.D | 4.D | 5.A |

詳解

2. 中央處理單元包含控制單元、算術／邏輯單元、快取記憶體及暫存器等。

得分區塊練　A3-7

| 1.C | 2.A | 3.C | 4.D | 5.B | 6.A |

詳解

1. 時脈頻率為1,400MHz的電腦，
   時脈週期為 $\frac{1}{1,400 \times 10^6}$秒 = $\frac{1}{14 \times 10^8}$ = $\frac{1}{14} \times 10^{-8}$ = 0.071×10^{-8} = 0.71×10^{-9}秒；
   依題意可知執行一個指令須花費3個時脈，故執行一個指令須花用3 × (0.71×10^{-9})秒 = 2.13ns。
3. 規格中3.6GHz是指CPU的時脈頻率，即該CPU內部的石英振盪器每秒可產生36億次的振盪。
5. 時脈週期 = $\frac{1}{1.5 \times 10^9}$秒 ≒ 0.7×10^{-9}秒 = 0.7奈秒（ns）。

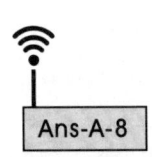

答案與詳解

得分區塊練	A3-8
1.A 2.D 3.D 4.C 5.B	

得分區塊練	A3-9
1.C 2.C 3.A 4.B 5.A	

詳解

2. 64位元的電腦，其CPU的字組長度為64bits（位元）。
   由於8bits = 1byte，故64bits = 8bytes（位元組）。

5. CPU有許多不同的規格，依其通用暫存器的位元數可區分為16位元、32位元、64位元，並非全為16位元。

得分區塊練	A3-12
1.B 2.A 3.C 4.B 5.C 6.D 7.A 8.D 9.A 10.B	

詳解

8. SRAM可被讀取資料，也能寫入資料；
   DRAM的速度較硬式磁碟快；
   當電腦關機後，DRAM中的資料會消失。

得分區塊練	A3-14
1.C 2.B 3.C 4.C 5.C 6.C 7.C 8.B 9.A 10.C 11.D	

詳解

6. 電源關掉時，ROM裡的資料不會流失。

得分區塊練	A3-18
1.A 2.C 3.C	

詳解

2. 硬碟容量：$32 \times 6{,}256 \times 63 \times 512\text{bytes} = 6{,}457{,}393{,}152\text{bytes} \fallingdotseq 6.0\text{GB}$。

3. 搜尋時間 = 16ms；

   旋轉時間 = $\dfrac{1}{3{,}600} \times \dfrac{1}{2} \times 60$秒 $\fallingdotseq 0.0083$秒 = 8.3ms；

   傳輸時間 = $\dfrac{3{,}000}{3{,}000{,}000} = 1$ms；

   故存取時間 = 16 + 8.3 + 1 = 25.3ms。

數位科技概論 滿分總複習【解答】

得分區塊練 A3-20

| 1.D | 2.D | 3.C | 4.C | 5.C |

得分區塊練 A3-22

| 1.B | 2.D | 3.C | 4.B | 5.B | 6.C | 7.A | 8.B | 9.B | 10.B |
| 11.C |

詳解

5. 存取速度由快至慢依序為：暫存器 > 快取記憶體 > DRAM > 硬碟 > 光碟。

6. 存取速度由快至慢依序為：暫存器 > L1快取記憶體 > L2快取記憶體 > 主記憶體。

7. 存取速度由快至慢依序為：SRAM > DRAM > 硬碟 > 隨身碟。

9. CPU會先到「快取記憶體」中檢查是否有所需的資料可讀取，若檢查發現無所需之資料時，便會到「主記憶體」讀取，如果還是搜尋不到資料，最後才會到「輔助記憶體」去讀取。

11. 存取速度由快至慢依序為：快取記憶體 > 隨機存取記憶體 > 唯讀記憶體 > 光碟。

得分區塊練 A3-28

| 1.C | 2.A | 3.C | 4.A | 5.D | 6.D | 7.D | 8.A | 9.D | 10.A |
| 11.D | 12.B |

詳解

10. RJ-45是用來連接網路線的連接埠；
    DVI是用來連接顯示器的連接埠。

得分區塊練 A3-31

| 1.C | 2.D | 3.B | 4.B | 5.B | 6.C | 7.A | 8.D | 9.C | 10.C |

詳解

1. 掃描器、滑鼠、鍵盤皆為輸入設備。

5. 條碼是利用粗細不同的黑白線條來記載商品的貨號、售價等資訊，需透過輸入設備條碼機（bar code reader）才可讀取儲存在條碼中的資料，因此條碼是一種輸入媒體。

7. 主記憶體屬於電腦主機內的記憶單元。

8. Printer（印表機）、Speaker（喇叭）、Plotter（繪圖機）為輸出裝置；
   Mouse（滑鼠）為輸入裝置。

10. 磁墨字元辨認器（Magnetic Ink Character Reader, MICR）是以字型辨認的方式，來感測支票底端以磁性墨水列印的文字。

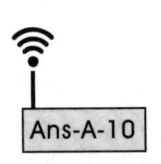

得分區塊練 A3-33
1.B　　2.C　　3.C

得分區塊練 A3-35
1.C　　2.B　　3.C　　4.A　　5.C

得分區塊練 A3-36
1.C　　2.B　　3.C　　4.D　　5.A　　6.A

情境素養題 A3-39
1.B　　2.D　　3.B　　4.D　　5.C　　6.C　　7.D　　8.B　　9.B　　10.C
11.C

詳解

1. 2,560MHz CPU的時脈週期 $= \dfrac{1秒}{2,560\text{MHz}} = \dfrac{1}{2,560 \times 10^6} = \dfrac{1}{2.56} \times 10^{-9} \fallingdotseq 0.39\text{ns}$（奈秒）；

    2GHz CPU的時脈週期 $= \dfrac{1秒}{2\text{GHz}} = \dfrac{1}{2 \times 10^9} = \dfrac{1}{2} \times 10^{-9} \fallingdotseq 0.5\text{ns}$（奈秒）；

    3GHz CPU的時脈週期 $= \dfrac{1秒}{3\text{GHz}} = \dfrac{1}{3 \times 10^9} = \dfrac{1}{3} \times 10^{-9} \fallingdotseq 0.3333\text{ns}$（奈秒）。

2. 資料匯流排的傳輸方向為雙向；
控制匯流排是CPU向外傳送控制訊號的管道；
隨機存取記憶體（RAM）屬於揮發性記憶體。

6. 固態硬碟（SSD）並沒有馬達、讀寫頭等機械構造。

10. 網路攝影機是用來擷取動態視訊影像的設備，常應用在視訊會議上。

11. 8K是指顯示器的水平像素接近8,000。

數位科技概論 滿分總複習【解答】

精選試題 A3-40

1.B	2.C	3.C	4.C	5.D	6.A	7.D	8.B	9.B	10.B
11.B	12.D	13.D	14.A	15.B	16.A	17.C	18.A	19.C	20.C
21.D	22.A	23.B	24.A	25.A	26.D	27.C	28.C	29.D	30.A
31.A	32.B	33.C							

詳解

2. RAM為主記憶體，屬於記憶單元。

3. 控制單元負責監督、指揮及協調各單元之間的工作。

4. CPU內控制單元的三個主要功能是：
   讀取程式指令並解釋指令、控制程式與資料進出主記憶體、啟動處理器內部各組件動作。

5. 記憶單元是用來儲存電腦中的所有程式與資料。

7. 直接存取記憶體位址空間是依位址線的多寡而定，故此一微電腦可直接存取的記憶體位址空間為4GB（$= 2^{32}$bytes）。

8. CPU內除了控制單元、算術及邏輯單元之外，通常還包含有暫存器、快取記憶體等用來儲存指令或運算中的資料，這些儲存資料的元件都屬於記憶單元。

13. DRAM需不斷地充電（refresh）才能免於資料流失。

17. 暫存器之存取速度比RAM快。

19. CPU到各記憶體間的存取速度，由快到慢為：
    暫存器（Register）> 快取記憶體（Cache）> 主記憶體（RAM）> 輔助記憶體（HDD）。

20. 存取速度由快至慢依序為：SRAM > DRAM > 硬碟 > 光碟。

21. 目前SSD的單價比傳統硬碟昂貴。

24. DVD光碟、硬碟都屬於輔助記憶體，電源關閉後資料不會消失；
    唯讀記憶體中的資料不會因為電源關閉而消失。

25. HDMI連接埠是用來連接螢幕、音響、電視。

答案與詳解

統測試題	A3-43								
1.A	2.A	3.C	4.C	5.A	6.D	7.B	8.B	9.D	10.C
11.B	12.D	13.C	14.D	15.A	16.B	17.D	18.D	19.C	20.D
21.A	22.D	23.D	24.A	25.A	26.A	27.C	28.C	29.C	30.C
31.D	32.D	33.B	34.D	35.C	36.D	37.C	38.A	39.D	40.A
41.C	42.B	43.D	44.C	45.A	46.B	47.C	48.D	49.A	50.B
51.B	52.B	53.C	54.D	55.D	56.A	57.A	58.D	59.A	60.D
61.C	62.B	63.A	64.D	65.D	66.C	67.D	68.A	69.A	70.B
71.B	72.B								

詳解

1. 磁碟存取時間是指磁碟機讀取或寫入資料的時間，通常以毫秒（ms）為單位。
   公式＝搜尋時間＋旋轉時間＋傳輸時間。

2. RPM（每分鐘旋轉圈數）用來計量硬碟旋轉速度。

3. PPM（每分鐘列印張數）用來計量雷射印表機的列印速度。

4. 觸控螢幕是屬於輸入／輸出設備。

23. 音源輸入（line in）是用來將音訊輸入至電腦。

26. 搜尋時間＝9ms；

    平均旋轉時間 $= \dfrac{60}{10,000} \times \dfrac{1}{2} = 0.006 \times \dfrac{1}{2} = 3\text{ms}$，

    傳輸時間 $= \dfrac{1}{200} = 0.005 = 5\text{ms}$，

    解碼時間不在存取時間中，故搜尋時間占存取時間的最大部分。

29. RISC精簡指令集，通常是透過多個簡化指令，共同完成一項工作；
    CPU中的暫存器，通常是使用SRAM（靜態隨機存取記憶體）來設計；
    目前的智慧型手機，都是使用多點式的觸控裝置。

35. 一般SRAM比DRAM還省電；
    關機的資料無法繼續保存在DRAM中。

36. bps是一種計量資料傳輸速率的單位，表示每秒傳輸位元數；
    CPU通常內建暫存器用來暫時存放要處理的指令資料；
    CPU的一個機器週期包括擷取、解碼、執行、儲存四個主要步驟。

38. 暫存器是中央處理器（CPU）中用來存放常用的指令或資料；
    記憶卡通常使用快閃記憶體（Flash Memory）儲存資料；
    ROM（唯讀記憶體）屬於非揮發性記憶體。

43. 快取記憶體是一種靜態隨機存取記憶體（SRAM），是RAM的一種；
    主要功能是存放CPU經常使用的資料或指令，以提升電腦的處理效能。

44. BIOS的全文為Basic Input / Output System，基本輸入輸出系統。

45. CPU內部的快取記憶體使用SRAM（靜態隨機存取記憶體）；
    具有32條址匯流排排線的CPU，最大定址空間為2^{32}bytes＝4GB；
    CPU時脈頻率的單位是GHz。

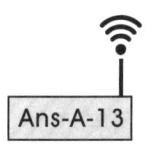

數位科技概論　滿分總複習【解答】

46. 固態硬碟較傳統硬碟省電；
    固態硬碟沒有馬達、讀寫頭等機械構造，而是以快閃記憶體來作為儲存元件；
    RPM越高，讀寫資料的速度越快，固態硬碟RPM並沒有一定比傳統硬碟大。
48. SATA通常用來連接硬碟、光碟機等設備。
49. 掃描器解析度以DPI為單位，可搭配OCR軟體辨識字符。
50. D-SUB可連接螢幕，但採用類比訊號傳輸；
    RJ-45用來連接網路線；
    PS/2用來連接鍵盤、滑鼠。
51. 雙倍數同步動態隨機存取記憶體（DDR4 SDRAM）、靜態隨機存取記憶體（SRAM）、快取記憶體（Cache）皆歸類為主記憶體；
    固態硬碟（SSD）為輔助記憶體，應用於筆電、平板電腦等產品。
54. 個人電腦CPU的時脈頻率常用的單位為GHz（十億赫茲），例如1GHz表示CPU內部的石英振盪器每秒產生10億次的振盪。
55. 固態硬碟（SSD）是以快閃記憶體作為儲存元件。
56. 選購個人電腦時，一般而言容量大小為：
    硬碟＞動態隨機存取記憶體（DRAM）＞快取記憶體（Cache Memory）。
57. ①為PS/2，是連接鍵盤、滑鼠的連接埠。
58. 點矩陣印表機屬於輸出裝置。
59. 健保卡屬於接觸式IC（電腦晶片）卡，通常須透過晶片讀卡機來讀寫資料。
61. ROM、EEPROM、Flash Memory皆屬於非揮發性（亦稱之為非依電性）記憶體。
63. 輸入單元：鍵盤、滑鼠、麥克風、掃描器、繪圖板。
    記憶單元：光碟、主記憶體、隨身碟、硬碟。
    輸出單元：印表機、喇叭、投影機。
65. HDMI常用來連接螢幕、數位電視、藍光播放機。
67. 固態硬碟（SSD）沒有馬達、讀寫頭等機械構造，而是以快閃記憶體來作為儲存元件，且不須進行磁碟重組。
69. • CPU的時脈頻率單位是GHz。
    • 7200 RPM是硬碟旋轉速度。
    • 網路卡的傳輸速率單位是Mbps。
70. 快取記憶體（Cache Memory）用來存放CPU經常使用的資料或指令，以提升電腦的處理效能，可以顯著降低CPU等待主記憶體資料的時間。
71. 五大單元是輸入、輸出、記憶、算術／邏輯、控制。
72. SSD是以快閃記憶體來作為儲存元件，沒有磁頭、馬達等機械式零件。

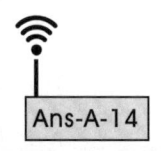

第4章 系統平台的運作與未來發展

得分區塊練 A4-6

| 1.D | 2.B | 3.D |

得分區塊練 A4-9

| 1.A | 2.D | 3.D | 4.A | 5.B | 6.B | 7.C | 8.A | 9.D | 10.D |
| 11.B |

詳解

2. BIOS（基本輸入輸出系統）：具有自我測試（POST）、載入作業系統及設定CMOS內容等功能。

6. Red Hat、Fedora、Ubuntu皆為Linux作業系統常見的版本；
   macOS為蘋果電腦所發展的作業系統，以UNIX為基礎開發而成。

7. 蘋果公司規定macOS僅能安裝於蘋果電腦。

9. Windows 10為單人多工作業系統。

得分區塊練 A4-11

| 1.C | 2.C | 3.A |

情境素養題 A4-13

| 1.D | 2.A | 3.C | 4.C | 5.C |

數位科技概論 滿分總複習【解答】

精選試題 A4-13

1.B	2.C	3.C	4.B	5.C	6.B	7.B	8.D	9.D	10.C
11.D	12.C	13.D	14.D	15.D	16.D	17.B	18.C	19.A	20.A
21.C	22.A	23.B	24.C	25.C	26.A	27.B	28.C	29.D	30.B
31.D	32.D	33.B	34.A	35.C	36.A				

詳解

10. UNIX為多人多工作業系統。

15. 不是所有作業系統都可在任何硬體配備上執行，如macOS就僅能在蘋果電腦中執行。

16. 檔案管理系統的作用在於管理檔案之儲存方式及位置。

18. Windows 10、iOS是單人多工的作業系統；
    MS-DOS是單人單工的作業系統。

20. 作業系統可幫助使用者管理硬體資源，使電腦發揮最大的效能。

21. 程式翻譯作業是語言翻譯程式所提供的功能而非作業系統。

24. 資料庫管理是資料庫管理系統的功能。

28. PL/1是一種程式語言。

29. MS-DOS是採文字介面的作業系統。

30. iOS僅能安裝在蘋果公司所推出的行動設備（如iPhone、iPad）中，無法安裝在PC上。

31. Android為Google公司所開發。

統測試題 A4-16

1.D	2.B	3.B	4.C	5.C	6.B	7.D	8.C	9.B	10.D
11.B	12.C	13.C	14.D	15.D	16.D	17.B	18.A	19.D	20.A
21.D	22.D	23.B	24.B	25.B	26.D	27.B	28.D	29.B	30.A
31.C	32.A								

詳解

1. UNIX為美國AT&T公司的貝爾（Bell）實驗室所發展出來的作業系統。

2. Microsoft Office為辦公室自動化軟體。

6. 作業系統通常是儲存於硬碟中。

10. Unix是一種多人多工的作業系統；
    Windows 8是一種單人多工的作業系統；
    Windows Server 2008是一種網路作業系統。

11. Android、Linux。

15. Windows Server 2008是伺服器普遍使用的作業系統；
    Windows作業系統是個人電腦普遍使用的作業系統；
    Windows作業系統的視窗，其縮小視窗功能在右上角。

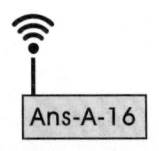

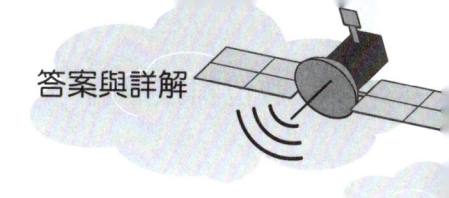

16. macOS是單人多工作業系統；
    MS-DOS是單人單工作業系統；
    Microsoft Windows 10是單人多工作業系統。

17. MS-DOS：微軟公司早期的個人作業系統，採文字介面，適用於個人電腦；
    macOS：為蘋果公司所推出，蘋果公司規定，僅能安裝在蘋果電腦上使用；
    iOS：為蘋果公司所推出，平板電腦、智慧型手機等適用。

18. Android是以Linux為基礎開發的作業系統。

19. 透過「裝置管理員」可查看電腦的硬體裝置或更新硬體的驅動程式，而非「工作管理員」。

20. 資料庫軟體屬於應用軟體。

23. 平台即服務（PaaS）提供租借開發、測試與執行程式的平台服務。

25. 重組並最佳化磁碟機：將分散在許多磁區的檔案資料儲存於連續磁區，加快磁碟存取速度。

26. 程序的執行過程中，存在著5種不同的狀態：
    - 建立（new）：產生新程序。
    - 就緒（ready）：正等著被分配CPU時間來執行程序。
    - 執行（running）：正在執行程序。
    - 等待（waiting）：程序正在等待某事件發生（如等待使用者輸入資料）。
    - 結束（terminated）：程序執行結束。

27. 指令暫存器可用來暫存正在執行的指令；
    快取記憶體通常分L1、L2、L3，且3者皆內建於CPU之中；
    CPU的運作中一個機器週期包括擷取、解碼、執行、儲存四個主要步驟。

29. 三個行程在同一時間抵達等待佇列，若CPU使用SJF排程演算法，其平均等待時間為：

進入佇列順序	CPU處理時間	等待時間
1	3 毫秒	0毫秒
2	6 毫秒	3毫秒
3	9 毫秒	3毫秒 + 6毫秒 = 9毫秒

平均等待時間：(0 + 3 + 9) / 3 = 4毫秒。

單元 3　軟體應用

第 5 章　常用軟體的認識與應用

得分區塊練　A5-6

1.C　2.B

得分區塊練　A5-12

1.A　2.A　3.A　4.C　5.C　6.B　7.C

詳解

3. WinRAR是壓縮軟體；
   WeChat、LINE、WhatsApp皆為即時通訊軟體。

4. Visio是一種用來繪製流程圖和組織圖的軟體。

5. Dreamweaver：網頁製作軟體；
   威力導演：影片剪輯軟體；
   WinRAR：壓縮軟體。

得分區塊練　A5-14

1.D　2.C

詳解

1. 開放格式是指開放檔案格式的版權與檔案規格。

2. ODF文件檔的副檔名為odt。

情境素養題　A5-15

1.B　2.C　3.C　4.B

精選試題　A5-15

1.C	2.B	3.C	4.A	5.A	6.B	7.A	8.B	9.B	10.C
11.D	12.D	13.C	14.D	15.B	16.B	17.B	18.C	19.C	20.A
21.B	22.A	23.A	24.A						

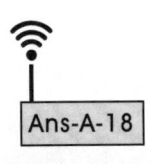

詳解

7. 機械碼是指利用機器語言撰寫的程式碼，機器語言是由0與1組成。

8. 高階語言因與人類使用的語言較接近，在程式的撰寫、除錯及維護上都比低階語言來得容易。

9. C++語言是一種高階語言；高階語言的可讀性較機器語言高；
高階語言的執行速度較機器語言慢。

10. 機器語言才是由0與1所構成。

12. PhotoImpact：影像處理軟體；Access：資料庫管理軟體；Outlook：郵件收發軟體。

23. PDF是文件檔而非壓縮檔，不需解壓縮即可開啟。

統測試題	A5-17								
1.C	2.B	3.D	4.A	5.C	6.A	7.C	8.C	9.D	10.D
11.D	12.D	13.A	14.A	15.B	16.C	17.D	18.C	19.A	20.B
21.C	22.D	23.B	24.D	25.C	26.D	27.C	28.A	29.B	30.A
31.C									

詳解

1. FTP為負責檔案傳輸的通訊協定；Outlook為電子郵件軟體；
Skype軟體提供即時影音訊息的服務（已終止服務）；
SMTP為負責郵件發送的電子郵件通訊協定。

8. ODF是開放文件格式，其中odt是文件檔、ods是試算表、odp是簡報檔。

9. Skype已於2025年5月5日終止服務。

12. ufo和psd為封閉檔案格式，不公開檔案規格，也不開放版權，只有特定軟體支援。

19. Exchange是雲端商務用電子郵件服務；FileZilla是FTP檔案傳輸軟體；
RSS是一種可將某個網站的最新內容或摘要，傳送給訂閱者的功能。

20. 網頁瀏覽軟體可以讓使用者存取各項網路資源，例如Firefox、Chrome、Microsoft Edge。

21. Draw是向量繪圖軟體；Impress是簡報設計軟體。

23. Windows Media Player屬於影音播放軟體。

25. odp為簡報檔、odt為文件檔、odb為資料庫檔。

26. LINE為即時通訊軟體、Linux為電腦作業系統、OpenOffice.org Impress為簡報軟體。

27. 不須安裝，透過瀏覽器即可線上使用；
由Google開發後，交由美國麻省理工學院繼續開發與維護；
用來開發行動裝置App。

28. Android為行動裝置的作業系統；App Inventor、React Native皆為APP的開發工具軟體；
Swift為開發APP可使用的程式語言。

30. 軟體開發程式通常提供了程式碼編譯、語法檢查、除錯、版本控制等功能，程式的編輯除了可使用記事本之外，還可利用軟體開發程式來編輯；
Xcode是適合在macOS環境下撰寫程式，主要用Swift來開發應用程式；
Visual Studio是適合在Windows環境下撰寫程式。

第 6 章　智慧財產權與軟體授權

得分區塊練	A6-4								
1.D	2.D	3.B	4.D	5.B	6.D	7.A	8.D	9.D	10.B

詳解

5. 寬頻分享器即為IP分享器，是可以讓區域網路中的電腦共用一個IP位址連上網路的設備；
   IP位址不是著作，與著作權無關，分享IP位址是合法的行為。

7. 著作權法僅保護著作的表達形式，但不保護其製程及概念；
   未經許可將編修後的照片散布給全班同學，會有侵犯拍攝者著作權之虞；
   合法軟體可以備份，但不能分享給他人。

8. 著作權存續年限為死亡後50年（期間屆滿日為該年12月31日），故終止日為149年12月31日。

9. 論語、聖經、史記皆已超過著作權存續年限（著作人生存期間及其死亡後50年）。

10. 合法軟體可備份，但「拷貝多份」會有侵權之虞，較不適當。

得分區塊練	A6-6			
1.B	2.C	3.B	4.A	5.C

詳解

1. 國稅局提供的程式免費但具有版權，所以屬於免費軟體。

4. 共享軟體通常是廠商為推廣軟體，採行「先試用」的策略，而非免費分享；
   免費軟體具有著作權，且不能隨意重製販賣。

5. 單機版合法軟體可以備份，但不可任意安裝在兩台電腦。

得分區塊練	A6-7	
1.D	2.C	

情境素養題	A6-8			
1.D	2.A	3.D	4.C	5.B

答案與詳解

精選試題	A6-8								
1.D	2.D	3.A	4.C	5.D	6.C	7.C	8.C	9.D	10.B
11.C	12.D	13.A	14.B	15.D	16.D	17.C	18.D	19.D	20.A
21.B	22.B	23.B	24.B	25.C	26.B	27.A	28.B	29.B	30.C
31.B	32.B	33.A							

詳解

1. 無體財產權是以人類精神的產物為標的之權利，包含智慧財產權；
   網頁上的文章、圖像任意複製可能侵犯著作權。

3. 著作人於完成著作時，即擁有著作權。

10. 網路是公開的場合，所以在網路上發布別人的文章，會侵犯公開發表權；
    轉貼或轉寄的行為是重製文章內容，會侵犯著作人的重製權。

11. 老師上課的內容也具有版權，學生可以做成筆記自用，但不得散布與出售。

12. 教師上課的內容也具有版權，不可任意重製與散布；
    套裝軟體應視其授權數量安裝，不可任意安裝於多台電腦上；
    合法軟體可備份，但「拷貝多份」會有侵權之虞，較不適當。

13. 著作權法第11條規定：受雇人「於職務上完成之著作」，以該受雇人為著作人，但契約約定以雇用人為著作人者，從其約定。

16. 著作權僅保護著作的表達，但不保護其所表達之思想、程序、製程、系統、操作方法、概念、原理、發現。

17. 著作權分為著作人格權與著作財產權，財產權可讓與，人格權不可；
    使用者購買Office軟體時，已取得軟體使用權，所以不需重新付費；
    若以研究、教學目的，可在合理範圍重製他人著作。

25. CD不可以任意拷貝散布；
    網路中的圖片大多具有版權，任意放在網頁上可能違反著作權法；
    共享軟體可以下載使用，但不能任意重製與散布，否則會有侵權之虞。

29. 免費軟體可以自由使用，但不能用在商業用途；
    單機版軟體通常只授權給一部電腦使用，不能安裝在兩台電腦中；
    合法軟體可以修改其程式自用，但不可破解、破壞或以其他方法規避其防盜措施。

30. 軟體不論是正版還是備份都不可以出借；
    演講內容的著作權屬於演講人，聽講者不能任意重製與散布演講內容；
    免費與共享軟體可以下載使用，但不可任意重製與散布。

31. 購買軟體能取得該軟體的使用權，但不包含其所有權及著作權。

32. 工具軟體多屬於免費或共享軟體，我們可下載使用，但不可任意重製分享。

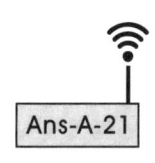

數位科技概論 滿分總複習【解答】

統測試題	A6-12								
1.D	2.C	3.A	4.B	5.A	6.D	7.D	8.B	9.A	10.C
11.B	12.A	13.B	14.C	15.C	16.A	17.A	18.B	19.B	20.B
21.B	22.D	23.A	24.D	25.C	26.C	27.A	28.A	29.A	30.C
31.B	32.A	33.C	34.B	35.D	36.C	37.D	38.D		

詳解

1. 自由軟體開放原始碼，可讓使用者任意複製、修改、銷售，原著作者保有著作權。

2. 四技二專聯招考古題屬於「依法令舉行之各類考試試題及其備用試題」，為不受著作權法保護，任何人皆可自由使用的資料。

3. 將有版權且未經授權的音樂檔放在部落格播放，就算非營利，也屬違法行為；
   發表自己撰寫的文章，即受著作權法保護；
   以點對點（Peer-to-Peer）通訊方式交換未經授權的軟體，有侵權問題。

14. 網址若以https開頭，表示該網站以SSL作為安全機制；
    SET為一種電子安全交易的標準，可以提供網路線上刷卡交易時的保障；
    一般文字檔較不易感染電腦蠕蟲（worm）。

19. ⊜ 禁止改作、ⓘ 姓名標示、⊘ 非商業性。

21. 將自費購入的藍光DVD完整內容翻拍轉存成開放格式的視訊影片檔，轉寄給好同學免費觀看，可能觸犯著作權法。

22. 綠色軟體是一種免安裝的軟體，可以儲存在隨身碟中，因此被稱為「可攜式軟體」。

23. 「禁止改作 ⊜」與「相同方式分享 ⊚」互相牴觸，所以不會同時出現。

25. 創用CC預設要標示 ⓘ，甲、乙、丙皆不允許被使用於商業目的，須標示 ⊘；
    甲：不允許他人改作其著作，還須標示 ⊜；
    丙：採用與原著作相同授權條款釋出，還須標示 ⊚。

26. 自由軟體開放原始碼，可銷售，不一定免費；
    Keynote是由Apple廠商開發的簡報軟體，屬於商業軟體；
    Calc是由Apache開發之OpenOffice軟體系列的電子試算表，屬於自由軟體；
    PaintShop Pro是由Corel廠商開發的影像處理軟體，屬於商業軟體。

31. 自由軟體可自由複製、散布與修改，但不一定免費。

33. • 下載院線電影並供大眾觀看會侵害著作權的重製權與公開傳輸權，即使免費提供也違法。
    • 屬於商業營利行為，歌曲需要取得授權，否則侵權。
    • 「改作」行為，仍需取得原著作權人同意，否則屬於侵權。

34. 免費使用符合免費軟體的要件，所以此軟體授權敘述正確。

35. 在合理範圍內重製他人著作，應註明資料來源。

36. 著作人完成作品時即享有著作權（不需註冊或登記）。

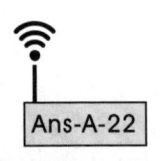

單元 4　通訊網路原理

第 7 章　電腦通訊與電腦網路

得分區塊練　A7-4

| 1.A | 2.D | 3.A | 4.A | 5.A | 6.B | 7.A |

得分區塊練　A7-6

| 1.C | 2.B | 3.D | 4.C | 5.A | 6.A | 7.B |

詳解

2. 1個英文字母占用1個byte，100個英文字母占用100bytes = (100 × 8)bits = 800bits；
   設x為傳送100個英文字母所需花費的秒數：
   $\frac{800\text{bits}}{x} = 10{,}000\text{bps}$，$x = \frac{800}{10{,}000} = 0.08$秒。

4. 512Kbps表示每秒可上傳512Kbits，512Kbits = 64KB。

6. 設x為傳送資料所需花費的秒數：$\frac{4\text{MB}}{x} = 512\text{Kbps}$，$x = \frac{4 \times 2^{10} \times 2^{10} \times 8}{512 \times 2^{10}} = 64$秒。

7. 0.25Gbps = 256Mbps = (256 × 1,024)Kbps；
   (0.25 × 1,024 × 1,024)bps = 0.25Mbps。

得分區塊練　A7-7

| 1.C | 2.A | 3.D |

情境素養題　A7-8

| 1.C | 2.B | 3.C | 4.B | 5.A |

詳解

1. 進行視訊會議時需要同時上傳及下載影音資料，因此50M / 50M為最合適的網路頻寬。

2. $\frac{100\text{MB}}{16\text{secs}} = \frac{(100 \times 8)\text{Mbits}}{16\text{secs}} = 50\text{Mbps}$。

5. $\frac{15\text{MB}}{5\text{secs}} = \frac{(15 \times 8)\text{Mbits}}{5\text{secs}} = 24\text{Mbps}$。

精選試題	A7-8								
1.D	2.A	3.D	4.A	5.C	6.A	7.C	8.C	9.D	10.B
11.D	12.B	13.D	14.A	15.B	16.A	17.B	18.D	19.D	20.C
21.B									

詳解

1. 設x為傳送檔案所需花費的秒數：$\frac{10\text{MB}}{x} = 10\text{Mbps}$，$x = \frac{10 \times 2^{10} \times 2^{10} \times 8}{10 \times 2^{10} \times 2^{10}} = 8$秒。

6. 1個中文字占用2個bytes，
   6,000個中文字占用(6,000 × 2)bytes = (12,000 × 8)bits = 96,000bits
   設x為傳送6,000個中文字所需的秒數：$\frac{96,000\text{bits}}{x} = 19,200\text{bps}$，$x = \frac{96,000}{19,200} = 5$秒。

11. a. $60,000\text{bps} = \frac{60,000}{1,024} \doteqdot 58.6\text{Kbps}$
    c. $100\text{Mbps} = (100 \times 1,024)\text{Kbps}$
    d. $0.5\text{Gbps} = (0.5 \times 1,024 \times 1,024)\text{Kbps}$
    傳輸速度由慢到快排列依序為：b < a < c < d。

12. $1.544\text{Mbps} = \frac{1.544}{8} = 0.193\text{MB/s}$。

13. 40張600KB的照片，其檔案總容量為24,000KB。
    花用200秒傳輸檔案，傳輸速率為：$\frac{24,000\text{KB}}{200\text{secs}} = \frac{(24,000 \times 2^{10} \times 8)\text{bits}}{200\text{secs}} = 960\text{Kbps}$。

14. ADSL上網是採用寬頻傳輸技術。

統測試題	A7-10							
1.B	2.B	3.D	4.C	5.A	6.B	7.A	8.D	9.D

詳解

3. 每分鐘可傳送(56 × 60) / 8 = 420KBytes。

8. 透過網路電話聊天是一種「全雙工」的資料傳輸方式；
   互動電視是一種「全雙工」的資料傳輸方式；
   AM／FM廣播是一種「單工」的資料傳輸方式。

第8章　電腦網路的組成與通訊協定

得分區塊練　A8-4
| 1.D | 2.A | 3.B | 4.C | 5.C | 6.B | 7.B |

得分區塊練　A8-5
| 1.B | 2.B | 3.A | 4.C |

得分區塊練　A8-7
| 1.C | 2.D | 3.D | 4.B |

得分區塊練　A8-13
| 1.D | 2.C | 3.B | 4.D | 5.C | 6.A | 7.D | 8.B | 9.C | 10.A |

詳解

4. 交換器是用來連接星狀網路上多台電腦設備；
　 橋接器是用來連接同一網路中的兩個（含）以上區段；
　 路由器是用來選擇封包最佳的傳送路徑。

得分區塊練　A8-14
| 1.A | 2.D | 3.B |

得分區塊練　A8-17
| 1.A | 2.B | 3.A | 4.B | 5.B | 6.C |

得分區塊練　A8-19
| 1.B | 2.A | 3.A | 4.C | 5.A |

詳解

3. 10BaseT為星狀拓樸；
　 UTP（無遮蔽式雙絞線）是雙絞線的一種。

數位科技概論 滿分總複習【解答】

得分區塊練 A8-20
1.A　2.D

得分區塊練 A8-22
1.D　2.B　3.B　4.D　5.B　6.B　7.D　8.A　9.A　10.D
11.C

詳解

7. OSI 1～7層名稱依序為：實體層、資料連結層、網路層、傳輸層、會議層、表達層、應用層。

得分區塊練 A8-25
1.A　2.C　3.B　4.B　5.B　6.C　7.A

詳解

4. POP3為電子郵件接收的通訊協定；
   SMTP為電子郵件外送的通訊協定。

得分區塊練 A8-29
1.B　2.A　3.A　4.A　5.B　6.D　7.A　8.A　9.C　10.A
11.A

情境素養題 A8-30
1.B　2.B　3.A　4.B　5.A　6.B　7.A　8.D　9.A　10.B
11.B

精選試題 A8-31

1.B	2.C	3.B	4.C	5.A	6.D	7.C	8.A	9.A	10.A
11.B	12.A	13.D	14.A	15.D	16.C	17.A	18.D	19.B	20.C
21.D	22.A	23.D	24.A	25.A	26.C	27.A	28.C	29.B	30.C
31.B	32.B	33.A	34.B	35.A	36.C	37.B	38.C	39.D	40.D
41.C	42.B	43.C	44.D	45.A	46.C	47.B	48.A	49.B	50.B
51.D	52.B	53.C	54.A	55.D	56.D	57.A	58.C	59.C	

答案與詳解

詳解

2. 光纖的抗雜訊力較雙絞線、同軸電纜等傳輸媒介強。

3. 雙絞線等級5（cat 5）的傳輸速率為100Mbps，等級1（cat 1）的傳輸速率為2Mbps；
   同軸電纜的最遠傳輸距離較雙絞線遠；
   雙絞線最遠傳輸距離約為100公尺。

8. 微波及紅外線是以直線傳輸的方式來傳送資料；
   Wi-Fi是以802.11x通訊協定進行無線傳輸。

11. 中繼器是用來增強傳輸訊號，延伸訊號的傳輸距離。

15. 數據機傳送至電話線上的信號為類比信號。

37. 雖然每一個交換器皆有12個連接埠，但須扣除用來串聯其他交換器的連接埠，以右圖為例，共須5台交換器才能連接45台電腦。

43. Telnet是用來登入遠端主機的通訊協定。

45. UDP協定對應的是TCP/IP協定集中的傳輸層；
    SNMP（簡單網路管理協定）的用途為監控網路狀態及管理網路設備，對應在TCP/IP協定集中的應用層。

50. OSI第二層為資料連結層；第三層為網路層。

統測試題 A8-35

1.C	2.A	3.A	4.C	5.C	6.A	7.A	8.B	9.C	10.A
11.D	12.D	13.A	14.A	15.A	16.A	17.A	18.D	19.B	20.C
21.D	22.D	23.A	24.B	25.B	26.A	27.D	28.B	29.A	30.B
31.A	32.B	33.B	34.B	35.D	36.B	37.D	38.A	39.D	40.B
41.D	42.D	43.D	44.D	45.C	46.A	47.A	48.A	49.A	

詳解

1. 傳播距離：微波 > 廣播無線電波 > 紅外線 > 紫外線。

2. SMTP、POP3、IMAP皆屬於應用層。

11. P2P是peer-to-peer，每台電腦都同時扮演用戶端與伺服器端，提供資源給其他電腦。

14. 資料連結層會將每一個封包加上傳送端及接收端的MAC位址等標頭資訊，形成一個訊框，以便資料連結層的網路連結裝置（如交換器）可根據這些資訊將資料傳送給接收端。

15. TCP是一種傳輸層的協定；
    POP3負責郵件伺服器與用戶端之間的電子郵件下載；
    SMTP負責郵件伺服器間郵件的傳送。

19. 傳輸層負責「將資料切割成區段，並確保資料能正確送達目的位址」；
    網路層負責「決定封包傳送的最佳傳輸路徑」。

數位科技概論　滿分總複習【解答】

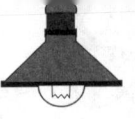

20. RS485、RS232是序列資料通訊的介面標準；
    IEEE 802.3是IEEE制定在乙太網路的技術標準。

21. TCP的功能是對應OSI七層架構中的傳輸層；
    IP的功能是對應OSI七層架構中的網路層；
    應用層是負責規範各項網路資源的使用者介面。

25. 樹狀（Tree）的結構：具有階層性，若中央裝置故障，與該裝置連結之電腦的網路就無法運作。

27. HTTP協定屬於OSI模型中的第七層應用層協定。

28. 網路卡實體位址（MAC Address）是由6組數字組成，每組數字佔用1byte，總長度為6bytes，通常以16進位表示，每一個byte的範圍為00～FF，各組數字間是以 ":" 隔開。

31. NAT：可將虛擬IP位址轉換成網際網路IP位址，讓區域網路中多部使用虛擬IP的電腦，共用一個網際網路IP來上網；
    HTTP：瀏覽全球資訊網（WWW）；
    ARP：將IP位址轉換成實體位址（MAC Address）；
    DNS：互轉網域名稱與IP位址。

32. 因具備16埠集線器及每部電腦都只有一張具備一組RJ-45雙絞線接頭的網路卡，故星狀拓撲架構最合適。

33. 傳輸層（Transport Layer）：將資料切割成區段，並確保資料能正確送達目的位址。

36. 網域名稱（DNS）伺服器：互轉網域名稱與IP位址。

40. ARP通訊協定：將IP位址轉換成實體位址；
    IP通訊協定：規範封包傳輸路徑的選擇；
    SMTP通訊協定：將郵件傳送至郵件伺服器。

41. 學校的網路系統提供DHCP（動態分配IP位址）的服務，不用設定IP即可連接網路。

46. 橋接器（bridge）：
    - 連接同一個網路中的兩個（含）以上區段的設備。
    - 會根據封包的目的Mac位址來判斷應傳送到哪一個區段。
    - 若當封包的目的Mac位址是屬同一區段，就不往其他區段傳送可降低網路流量。

49. 傳輸層主要是TCP與UDP，而FTP、HTTP、SMTP都是應用層協定。

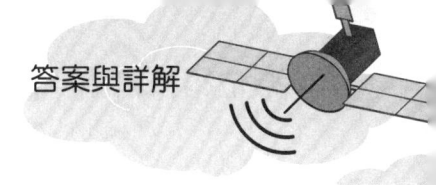

第9章　認識網際網路

得分區塊練　A9-1

| 1.B | 2.B | 3.C | 4.B |

得分區塊練　A9-4

| 1.B | 2.D | 3.A | 4.B | 5.B | 6.B | 7.C |

詳解

3. cable modem是共享頻寬，共用同一條纜線的用戶越多，速度越慢。

得分區塊練　A9-6

| 1.C | 2.C | 3.D | 4.D |

得分區塊練　A9-8

| 1.B | 2.D | 3.B |

詳解

3. IP位址每個各數值都必須介於0～255之間。

得分區塊練　A9-10

| 1.B | 2.B | 3.C | 4.A | 5.B | 6.C | 7.D |

得分區塊練　A9-13

| 1.D | 2.B | 3.C | 4.A | 5.C |

得分區塊練　A9-14

| 1.C | 2.B | 3.D | 4.B | 5.C |

詳解

4. com代表公司行號；mil代表軍事組織；org代表法人組織。

得分區塊練　A9-16

| 1.C | 2.A | 3.A | 4.C | 5.C | 6.D | 7.D | 8.C |

詳解

1. 瀏覽器預設的通訊協定為https，在輸入URL時可省略輸入https://。

8. BBS使用telnet通訊協定，如telnet://ptt.cc。

數位科技概論 滿分總複習【解答】

情境素養題 A9-17

| 1.D | 2.B | 3.C | 4.B | 5.D | 6.A | 7.B |

精選試題 A9-18

1.D	2.C	3.D	4.B	5.C	6.C	7.D	8.D	9.D	10.A
11.D	12.D	13.A	14.B	15.B	16.C	17.A	18.C	19.C	20.D
21.D	22.C	23.B	24.C	25.D	26.D	27.D	28.D	29.C	30.D
31.C	32.B	33.B	34.D	35.B	36.B	37.A	38.A	39.D	40.C
41.C	42.D	43.C	44.D	45.D	46.A	47.C	48.C

詳解

9. ADSL的上傳及下載速度不同。

14. 連接到網際網路的每一台裝置不一定要使用固定的IP位址；
    IP位址長度為4bytes，MAC位址長度為6bytes；
    IP位址的子網路遮罩為32bits；
    1個IP位址可對應多個網域名稱，例如http://www.taiwanmobile.com.tw/及http://www.taiwanmobile.com/，皆對應到124.29.137.11。

17. DHCP是用來動態分配IP位址。

19. 電子郵件位址的格式：使用者帳號@郵件伺服器位址；
    IP位址每個數值都必須介於0～255之間；
    BBS為電子佈告欄系統。

24. 將一個Class C網路分成2個子網路，必須從主機位址借用1個位元：
    <u>11111111</u> . <u>11111111</u> . <u>11111111</u> . <u>10000000</u>
    (　255　.　255　.　255　.　128　)

統測試題 A9-21

1.A	2.D	3.C	4.D	5.D	6.C	7.B	8.D	9.C	10.A
11.A	12.D	13.B	14.C	15.B	16.C	17.D	18.B	19.A	20.C
21.B	22.D	23.D	24.B	25.D	26.A	27.C

詳解

1. ADSL的下載速度 > 上傳速度。

8. $2^{128} \div 2^{32} = 2^{96}$。

12. IPv6位址用8個16位元的數字來表示，這些數字彼此會用「：」隔開。

14. 可以分為A, B, C, D, E五種等級（Class）；
    IPv4為32位元組成的位址，IPv6為128位元組成的位址；
    IP位址與網域名稱的對應是透過網域名稱伺服器來協助。

15. 10.0.0.251～10.0.0.255共5個，10.0.1.0～10.0.1.5共6個，總共11個。

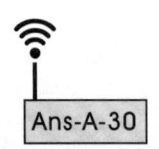

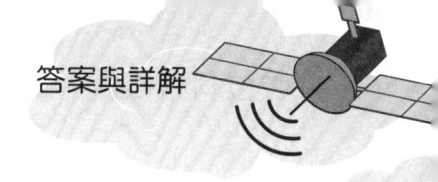

19. Cable Modem不支援非對稱速率傳輸模式；
   ADSL使用家用電話線路連上網際網路，採「電話語音訊號」及「網路傳輸訊號」分離技術，用戶在上網同時也能使用電話；
   Cable Modem頻寬由所有用戶共享，上線用戶越多網路速度會越慢。

20. IPv6以128位元來表示位址；IPv4以32位元來表示位址；
    URL（全球資源定址器）：即網址，用來指示網際網路上某一項資源的所在位置及存取該資源所使用的協定。

21. **PC 123電腦**

         11000000 . 10101000 . 01111011 . 10000100（IP位址：192.168.123.132）
   AND 11111111 . 11111111 . 11111111 . 10000000（子網路遮罩：255.255.255.128）
         11000000 . 10101000 . 01111011 . 10000000（運算結果192.168.123.128）

   (B)選項

         11000000 . 10101000 . 01111011 . 11111110（IP位址：192.168.123.254）
   AND 11111111 . 11111111 . 11111111 . 10000000（子網路遮罩：255.255.255.128）
         11000000 . 10101000 . 01111011 . 10000000（運算結果192.168.123.128）

   →結論：(B)選項的運算結果（192.168.123.128）與PC 123電腦的運算結果（192.168.123.128）一樣，所以(B)選項的IP與PC 123電腦在同一個子網路中。

22. IPv4的位址長度為32位元，IPv6的位址長度為128位元，故IPv6的位址長度是IPv4的4倍；
    IPv6位址可用2個冒號（::）代表0，例如
    2001:0288:4200:0000:0000:0000:0000:0024可表示為2001:288:4200::24；
    IPv6位址須以十六進制表示。

23. 擬規劃將201.201.201.0至201.201.201.255切割成2個子網路：
    - 第一個子網路的IP位址範圍：201.201.201.0 至 201.201.201.127
    - 第二個子網路的IP 位址範圍：201.201.201.128 至 201.201.201.255
    →結論：對應的子網路遮罩應為255.255.255.128。

24. IPv6是由8組，每組4個16進位的數值所組成，每組數值之間以 ":" 隔開。

25. - 192.168.100.0 → 網路位址（不能用）
    - 192.168.100.255 → 廣播位址（不能用）
    - 192.168.100.254 → 已設定為預設閘道位址（分配給閘道器使用）
    - 192.168.100.194 → 可提供正常連網服務。

26. 網域名稱（DNS）伺服器是提供互轉網域名稱與IP位址的服務，因此題目中提到，用IP位址能連網，但用網址不能連網，最可能是DNS伺服器位址未設定或設定錯誤。

27. IPv6是由8組，每組4個16進位的數值組成，並以「:」隔開。

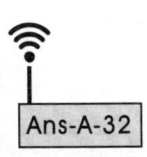

單元 5 網路服務與應用

第 10 章 網路服務

得分區塊練 A10-3
1. D　　2. B

得分區塊練 A10-4
1. A　　2. B

得分區塊練 A10-6
1. A　　2. B　　3. D　　4. C　　5. A　　6. A　　7. D　　8. A

▌詳解

2. 電子郵件地址包含使用者帳號與郵件伺服器位址，這兩部分必須以 "@" 符號連結。

5. 電子郵件帳號格式為：使用者帳號@郵件伺服器位址。

7. 郵件前面出現「迴紋針」表示郵件含有附加檔案。

8. 網路電子信箱中的郵件不會下載並儲存在電腦中。

得分區塊練 A10-7
1. A　　2. D

得分區塊練 A10-9
1. D　　2. D

得分區塊練 A10-11
1. B　　2. D

答案與詳解

情境素養題	A10-12			
1.B	2.D	3.B	4.C	

精選試題	A10-12								
1.A	2.B	3.B	4.A	5.A	6.B	7.C	8.D	9.A	10.D
11.B	12.D	13.B	14.C	15.D	16.D	17.D	18.A	19.A	

詳解

8. 電子郵件軟體只須在收發郵件時保持連線，可離線閱讀；
網路電子信箱使用POP3或IMAP通訊協定來收信；
第1次在某台電腦使用電子郵件軟體，須先設定郵件帳戶才可收發郵件。

統測試題	A10-14								
1.A	2.C	3.A	4.B	5.B	6.D	7.D	8.C	9.B	10.C
11.D	12.A	13.B	14.B	15.D	16.D	17.B	18.B	19.C	20.C
21.B	22.D	23.C	24.C	25.A	26.D	27.A	28.C	29.D	

詳解

1. 輸入"site:"，可指定在特定網域中搜尋資料。

2. king@ntu.edu.tw → 使用者帳戶@郵件伺服器位址。

3. CuteFTP是一套FTP軟體，具有檔案傳輸的功能。

8. Skype已於2025年5月5日終止服務。

14. Gmail是由Google公司提供的一種郵件服務，它不會自動將網際網路中的郵件儲存到個人電腦中。

15. 使用者帳號@郵件伺服器位址。

18. 減號-：搜尋結果不包含某個關鍵字；
site:：可指定在特定網域中搜尋資料。

20. IMAP、POP3與內收郵件伺服器通訊協定有關。

21. 按下麥克風圖示，可讓使用者以語音辨識輸入的方式進行搜尋。

27. BBS（電子佈告欄系統）：提供討論區供網友交換訊息；
Google Hangouts、Skype已終止服務。

29. P2P檔案傳輸軟體是採用對等式架構來分享檔案。

第11章 雲端運算與物聯網

得分區塊練 A11-2
1. C　　2. B

得分區塊練 A11-5
1. B　　2. A

詳解

1. 伊隆・馬斯克（Elon Musk）為特斯拉汽車執行長；
   比爾・蓋茲（Bill Gates）為前微軟公司董事長
   傑佛瑞・貝佐斯（Jeff Bezos）為美國亞馬遜公司執行長；
   約翰・麥卡錫（John McCarthy）為計算機科學家，對於人工智慧領域的有一定的貢獻。

情境素養題 A11-6
1. B　　2. D

精選試題 A11-6
1.D	2.C	3.D	4.B	5.B	6.B	7.A	8.D	9.B	10.B
11.D									

詳解

1. 雲端運算（cloud computing）最初的概念是由美國科學家約翰・麥卡錫（John McCarthy）所提出。

4. 『VirusTotal』為提供線上掃毒的網站；『Draw.io』為提供線上繪圖的網站。

9. ZigBee中文稱為紫蜂協定。

統測試題 A11-7
1.D	2.A	3.C	4.A	5.C	6.C	7.A	8.A	9.A	10.C
11.C	12.C	13.C							

詳解

1. Google文件為線上文件編輯服務，可線上直接編修文件。

2. FileZilla為FTP檔案傳輸軟體，非雲端軟體服務。

7. RFID讀取器屬於感知層；ZigBee屬於網路層；
   歐洲電信標準協會（ETSI）將物聯網的架構分為感知層、網路層、應用層。

10. 丙網站說明有誤，此攝影機應屬於物聯網架構中感知層的範疇。

12. 物聯網的架構依工作內容可分為感知層、網路層、應用層。

單元 6　電子商務

第 12 章　電子商務的基本概念與經營模式

得分區塊練　A12-3

| 1.C | 2.D | 3.D | 4.B |

詳解

3. 電子商務為商家帶來的效益有降低營運成本、提升訂貨與接單的作業效率、行銷商品至全球，以及瞭解客戶需求並蒐集回饋的意見。

得分區塊練　A12-4

| 1.D | 2.D | 3.A | 4.A |

得分區塊練　A12-5

| 1.A | 2.D |

得分區塊練　A12-6

| 1.A | 2.C | 3.B | 4.D |

詳解

1. C2C全文為Consumer to Consumer（消費者對消費者）。

得分區塊練　A12-8

| 1.C | 2.C | 3.C |

詳解

2. 『經濟部商工電子公文交換服務』網站屬於G2B電子商務型態。

得分區塊練　A12-9

| 1.B | 2.C | 3.D | 4.B |

詳解

2. B2B網站的交易對象是企業對企業，而非一般消費者；
透過網路下單速度快，但還是可能發生錯誤（如商品標價錯誤）；
經營電子商店應該秉持資訊透明化（如價格、商品資訊等），但不是洩漏商業內幕。

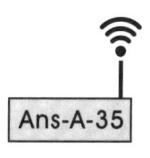

數位科技概論 滿分總複習【解答】

得分區塊練 A12-11
1.D　　2.A

情境素養題 A12-12
1.B　　2.A　　3.C　　4.D　　5.C

詳解

4. 行動商務是指使用行動裝置（如智慧型手機），透過無線網路購物、下單、接收訊息等活動。

精選試題 A12-12
1.D	2.C	3.A	4.D	5.D	6.C	7.B	8.A	9.A	10.B
11.D	12.A	13.B	14.A	15.D	16.C	17.A	18.A	19.B	

詳解

1. 電子商務四流：商流、物流、金流、資訊流。

3. 只要透過網路進行商品銷售、服務提供、業務合作或資訊交換等商務活動，就稱為電子商務，並不是只能透過無線網路才行。

8. 商品促銷屬於電子商務四流中的資訊流。

統測試題 A12-14
1.D	2.C	3.A	4.D	5.B	6.D	7.D	8.B	9.C	10.A
11.A	12.B								

詳解

1. 商流指商品因「交易活動」而產生「所有權轉移」的過程。

4. 企業和企業間透過網際網路進行採購交易是一種B2B電子商務模式；
   網路拍賣是一種C2C電子商務模式；
   團購是一種C2B電子商務模式。

7. B2B2C（Business to Business to Consumer）是從B2C所衍生出來的電子商務模式，它是指餐廳（B）透過美食外送平台（B）提供消費者（C）訂購美食。

8. Google Pay使用NFC來進行感應支付；
   QR Code掃碼是常見的支付方式，例如LINE Pay、街口支付皆是使用此方式；
   Apple Pay採用NFC感應式付款，只要iPhone或Apple Watch有電就可使用，不需要連上網路；
   行動支付可應用在實體店面、線上購物。

11. • 資訊流：資訊情報的流通，故廠商可透過資訊流分析消費者的喜好。
    • 商流：商品因「交易活動」而產生「所有權轉移」或「使用權取得」的過程，故消費者在網路商店購得數位產品（如音樂、遊戲）的過程稱為商流。

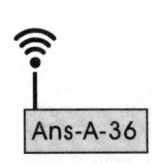

第13章　電子商務安全機制

得分區塊練　A13-5

| 1.A | 2.B | 3.D | 4.A | 5.C | 6.D |

詳解

3. 數位簽章是採用非對稱式加／解密法。

6. 加密流程：
   (1) 傳送者私鑰加密（無法否認傳送者身份，但第三者可用傳送者公鑰解密）。
   (2) 接收者公鑰加密（可保護資料，第三者無法取得接收者私鑰，故無法解密）。

得分區塊練　A13-8

| 1.B | 2.B |

詳解

1. HTTPS中的S（Secure）代表安全保護的意思。

得分區塊練　A13-9

| 1.C | 2.D | 3.D |

詳解

3. SET機制可驗證商家、消費者、發卡／收單銀行的身分，而SSL機制只能驗證商家身分，所以SET提供的安全等級較SSL高。

得分區塊練　A13-10

| 1.A | 2.C |

詳解

2. 商品的品名、價格、貨號等不需授權即可使用。

情境素養題　A13-11

| 1.D | 2.D | 3.D | 4.C | 5.D |

詳解

3. 使用SSL安全機制保護的網頁，網址中的通訊協定為https。

4. 在網域名稱中，使用他人商標中的文字，有侵犯商標權之虞。

數位科技概論 滿分總複習【解答】

精選試題　A13-12

1.A	2.A	3.D	4.C	5.B	6.B	7.D	8.D	9.A	10.A
11.C	12.A	13.C	14.B	15.D	16.B	17.B	18.C	19.A	20.D
21.A	22.A	23.A	24.D	25.C	26.A	27.A	28.B	29.B	30.B

詳解

5. AES、DES為對稱式加密法；
   RSA為非對稱式加密法。

7. 對稱式加／解密法收送雙方使用同一把金鑰加／解密；
   RSA是一種非對稱式加/解密法。

10. RSA演算法（屬於非對稱式加／解密法）的計算過程較複雜，所以處理速率通常比DES（屬於對稱式加／解密法）慢。

14. 應用傳送者的私鑰將訊息摘要加密，而非用公鑰。

21. 公鑰加密的資料，只能用私鑰解密。

29. 商品編號、售價等不具原創性的資料，不需授權即可使用。

30. 在網域名稱中，使用他人商標中的文字（如yahoo），以及使用他人已註冊的商標，都有侵犯商標權之虞；
    在未經他人授權下，自行將他人出版書籍內容數位化，會侵犯智慧財產權。

統測試題　A13-15

1.D	2.D	3.C	4.B	5.C	6.B	7.D	8.C	9.D	10.C
11.B	12.A	13.C	14.A	15.C	16.D	17.B	18.B		

詳解

7. 公鑰與私鑰必須成對使用，所以用甲的私鑰加密後再用乙的公鑰加密的檔案，即必須使用乙的私鑰解密再用甲的公鑰解密。

8. 數位簽章是以「傳送方的私鑰」加密，所以收到資料後應用「傳送方的公鑰」解密。

12. 自然人憑證是由內政部憑證管理中心提供憑證之簽發及管理服務，由各直轄市、縣（市）政府指定所屬戶政事務所辦理憑證之申請。

13. 消費者透過SSL協定交易時，不需要事先取得數位憑證。

14. SSL是用來保護網路上資料傳輸安全而制定的一種安全機制；
    SSL安全機制只能驗證商家身分；
    SSL安全機制無法達到消費者與店家雙方交易的不可否認性。

15. 數位簽章可符合資料完整、身分驗證、不可否認等安全要件；
    數位簽章是利用非對稱加／解密法；
    以傳送方的私鑰進行加密產生數位簽章，接收方收到資料後使用傳送方的公鑰將原數位簽章解密。

17. 使用SSL安全機制的網站，網址開頭為https。

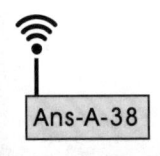

單元 7　數位科技與人類社會

第 14 章　個人資料防護與重要社會議題

得分區塊練　A14-2

1.C　2.B

得分區塊練　A14-3

1.D　2.C　3.D

得分區塊練　A14-5

| 1.A | 2.C | 3.D | 4.C | 5.B | 6.C | 7.A | 8.B | 9.C | 10.B |
| 11.D | 12.A | 13.D | 14.C | 15.D | 16.C | 17.C | 18.A | 19.C | |

詳解

2. 突波保護器的作用是控制電壓在一定範圍內，以免電腦因電壓過強而損壞。

4. 資訊安全的威脅包含：意外災害、人為疏失、軟硬體設備故障、蓄意破壞。

6. 電腦設備應由專人管理，不能允許使用者任意搬移。

7. 格式化會刪除磁碟中的資料，對資料安全防護沒有幫助。

11. 設定密碼時，應避免使用個人相關的資料（如生日、手機號碼等）。

12. P2P軟體是檔案交換軟體，對維護資訊安全沒有幫助。

16. 電腦應由專人負責系統維護及處理。

得分區塊練　A14-8

| 1.B | 2.A | 3.D | 4.D | 5.D | 6.D | 7.B | 8.C | 9.A | 10.C |
| 11.D | | | | | | | | | |

得分區塊練　A14-13

1.A　2.B　3.B　4.C

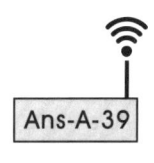

數位科技概論 滿分總複習【解答】

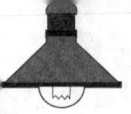

得分區塊練 A14-15
| 1.C | 2.B | 3.A | 4.B | 5.D | 6.A | 7.B | 8.B | 9.B | 10.B |

詳解

4. 如果燒錄到光碟的資料含有病毒，則光碟也可能成為病毒的傳播途徑。

7. 病毒感染電腦後不一定立刻發作，例如13號星期五病毒會在13號星期五才發作。

9. 刪除不必要的檔案對於防範惡意軟體沒有幫助。

得分區塊練 A14-16
| 1.C | 2.A | 3.D | 4.C | 5.B |

詳解

1. 檔案存放在不同檔案夾，仍可能因天災而毀損；應異地備份較安全。

2. 關閉電腦電源不能消滅電腦病毒；
   一部硬碟可能感染多個病毒；
   電腦安裝防毒軟體，仍有可能中毒。

4. 更換登入系統的密碼對防範病毒沒有幫助。

得分區塊練 A14-18
| 1.C | 2.B | 3.C | 4.B |

詳解

4. BotNet攻擊：駭客散布具有遠端遙控功能的惡意軟體（殭屍病毒），以遙控受害者的電腦來進行不法行為。

得分區塊練 A14-20
| 1.A | 2.B | 3.C |

詳解

1. 電腦犯罪隱匿性高，通常不易察覺。

情境素養題 A14-21
| 1.A | 2.D | 3.C | 4.A | 5.B | 6.C | 7.A | 8.A | 9.C | 10.D |
| 11.C | 12.A | 13.B | 14.C |

詳解

11. 竄改他人網頁內容，是觸犯刑法的無故變更電磁記錄罪。

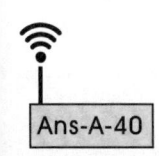

答案與詳解

精選試題 A14-22

1.A	2.C	3.D	4.A	5.B	6.C	7.D	8.B	9.C	10.C
11.A	12.B	13.B	14.D	15.C	16.B	17.D	18.C	19.C	20.D
21.C	22.D	23.C	24.C	25.A	26.D	27.D	28.D	29.D	30.D
31.C	32.B	33.D	34.C	35.D	36.A	37.A	38.B	39.D	40.D
41.D	42.D	43.A	44.B	45.D	46.B	47.B	48.D	49.A	50.B
51.D	52.C	53.A	54.A	55.C	56.A	57.B	58.B	59.C	60.A
61.D	62.D	63.B	64.D	65.C	66.B	67.A	68.C		

詳解

3. 密碼應妥善保管，不可告知他人；
   散布有版權的歌曲，是侵犯著作權的行為；
   在未經授權的情況下，使用版權軟體是盜版的行為。

11. 轉寄信件時最好刪除前寄件人的收件名單，以免這些名單遭不肖人士惡用。

13. 使用者密碼應由使用者自行保管。

35. 主機後方的擴充槽開孔若未使用，應以擋板封閉，避免灰塵進入；
    清潔電腦設備時，應先將電腦的電源關閉；
    光碟機指示燈亮時，不可抽取光碟，否則易造成碟片受損。

39. 關閉電源無法消滅電腦病毒；
    Word、Excel等Office文件可能會感染巨集型病毒；
    安裝防毒軟體，仍有可能感染電腦病毒。

40. 防毒軟體不能完全防止病毒入侵；
    如果燒錄在CD-ROM中的資料含有病毒，則電腦也可能感染病毒；
    病毒也能隱藏於啟動磁區中，如開機型病毒。

42. 電腦感染病毒後，通常執行速度會變慢，而不會變快。

46. ROM是唯讀記憶體，除非燒錄在ROM中的檔案含有病毒，否則ROM不會成為傳播途徑。

48. 網路釣魚是一種詐騙的手法，較難透過防火牆來防範。

59. 若入侵他人電腦盜用帳號來偷窺隱私會觸犯刑法第358條（無故入侵電腦罪）。

61. 菸、酒、貴賓犬（寵物）皆不得於網路上販售。

65. 在網路上散播色情圖片，可能觸犯的法令包括：
    刑法、兒童及少年福利與權益保障法、兒童及少年性剝削防制條例等。

數位科技概論 滿分總複習【解答】

統測試題 A14-28

1.D	2.B	3.B	4.D	5.A	6.A	7.D	8.C	9.A	10.A
11.C	12.D	13.D	14.C	15.D	16.B	17.A	18.D	19.A	20.A
21.A	22.B	23.D	24.B	25.B	26.A	27.C	28.A	29.D	30.A
31.C	32.D	33.A	34.C	35.A	36.A	37.C	38.D	39.C	40.D
41.B	42.D	43.B	44.D	45.C	46.A	47.D	48.A		

詳解

1. 加密傳輸資料能防止資料遭到駭客窺視，但無法防止駭客入侵。

2. 網路釣魚：駭客建立與合法網站極相似的網頁畫面，誘騙使用者在網站中輸入自己的帳號、密碼、信用卡卡號等，以取得使用者的私密資料。

3. 將電腦關機無法清除病毒；
   Word與Excel檔案也會中毒；
   安裝有防毒軟體的電腦，若沒有定期更新病毒碼，還是可能會中毒。

37. 應配合作業系統或應用軟體公司發布的訊息，下載並安裝修補或更新程式。

42. ①公務機關同樣需要遵守個人資料保護法的規範。

43.
    - **木馬程式**：指「依附」在檔案中的惡意軟體，使用者開啟檔案時，這種軟體就會被啟動，木馬程式通常是以竊取他人的私密資料為目的。小明的電腦中的是**木馬程式**。
    - **勒索軟體**：駭客入侵他人電腦，將受害者電腦中的所有檔案加密，並威脅受害者於期限內交付贖金才解密，否則所有檔案將無法解密。小美的電腦中的是**勒索軟體**。

45. ①、②、③皆屬於網路成癮；④、⑤皆屬於網路霸凌；⑥屬於網路詐騙。

46. 網路釣魚：駭客建立與合法網站極相似的網頁畫面，誘騙使用者在網站中輸入自己的帳號、密碼、信用卡卡號，以取得使用者的私密資料。

47. 未經同意蒐集個資（包含病例、用藥紀錄等資料），明顯違反個資法。

48. 透過偽造網站或郵件誘騙輸入個資，就是典型的釣魚攻擊。

第 15 章　數位科技與現代生活

得分區塊練　A15-4

| 1.D | 2.B | 3.D | 4.D |

得分區塊練　A15-6

| 1.C | 2.D | 3.D | 4.B | 5.B |

詳解

4. 國家電影資料館是專門蒐集、保存及研究國內電影文化資產的機構，也屬於「數位典藏」計畫內容的一部分。

得分區塊練　A15-7

| 1.A | 2.D | 3.C | 4.A | 5.C | 6.C |

得分區塊練　A15-9

| 1.C | 2.A | 3.D | 4.D | 5.D | 6.B | 7.B | 8.A | 9.B |

詳解

1. VOD（Video On Demand，隨選視訊）。

得分區塊練　A15-11

| 1.B | 2.A | 3.A |

情境素養題　A15-12

| 1.A | 2.D | 3.C | 4.B | 5.B | 6.B |

精選試題　A15-12

| 1.D | 2.C | 3.A | 4.A | 5.D | 6.D | 7.D | 8.C | 9.A | 10.C |
| 11.C | 12.D | 13.D | 14.D | 15.C | 16.C | 17.A | 18.B | 19.C | 20.D |

詳解

15. 辦公室自動化簡稱OA。

17. HA：家庭自動化；AGPS：輔助全球衛星定位系統；OA：辦公室自動化。

數位科技概論　滿分總複習【解答】

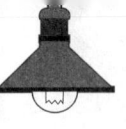

統測試題　A15-14

1.B	2.D	3.D	4.B	5.A	6.A	7.C	8.B	9.A	10.B
11.B	12.C	13.B	14.C	15.D	16.C	17.D	18.D	19.C	20.B
21.B	22.B	23.A	24.B	25.D	26.A	27.A	28.A	29.B	30.C
31.A	32.A	33.B	34.A	35.C	36.A	37.A	38.D		

詳解

1. 行動條碼（QR code）是一種二維條碼。

2. Google地圖網站提供使用者輸入關鍵字或地址，即可快速查到欲尋找的位置之服務。

3. 虛擬實境（VR）是透過電腦模擬真實環境，讓使用者有身歷其境感覺的技術。

4. 捷運悠遊卡屬於非接觸式IC卡。

8. 二維條碼是正方形；
   一維條碼才是由粗細不一及相同長度的黑線條組成。

16. NFC（Near Field Communication）近距離無線通訊。是一種源自RFID的通訊技術，具有傳輸距離短（約10公分內），內建有NFC晶片的設備（如手機），可作為電子標籤來被感應扣款。

23. 3C產品包含以下項目：
    (1) 電腦（Computer）：如筆記型電腦、螢幕。
    (2) 通訊（Communication）：如手機。
    (3) 消費性電子（Consumer electronics）：如電視、智慧手錶。

24. QR Code外觀呈現正方形。

25. GPS用來測量標的物位置的系統。運作原理是由衛星將訊號傳送給地面上的接收器，再經由電腦計算比對，以測量出所處的地理位置。

28. 擴增實境（AR）是一種結合實物及虛擬影像的技術。

29. 虛擬實境（VR）：透過電腦模擬真實環境，讓使用者有身歷其境感覺的技術。

31. 數位落差是教育程度、居住地區、個人收入等方面的差異，會成為社會不安的隱憂。

32. 虛擬實境：一種透過電腦模擬真實環境，讓使用者感覺身歷其境。
    擴增實境：一種在實體環境中，加入虛擬影像的技術。
    公車動態資訊系統：一種結合GPS功能，提供民眾查詢即時公車資訊的系統。

34. 翻轉教室是指顛覆過去「老師在台上講，學生在台下聽」的模式，上課時間改採同學發問、老師回答，相互討論的教學方式。

35. 區塊鏈使用了去中心化的分散式分類帳技術，且具有資料不可竄改、加密安全性、共同維護帳本等特性。

37. • 臺灣Pay是採用QR Code掃描式支付，和區塊鏈技術無關。
    • 區塊鏈交易仍有被詐騙或牽涉金融犯罪的可能性。
    • 區塊鏈是一種分散式分類帳本技術，採用分散式架構。

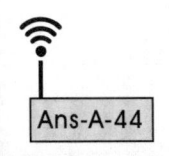

單元 1　商業文書應用

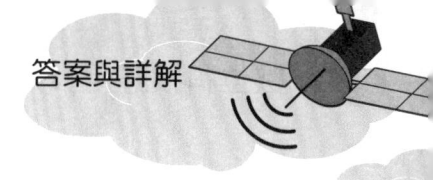

第1章　認識文書處理軟體

得分區塊練　B1-4

1.D　　2.A　　3.D　　4.C　　5.A

得分區塊練　B1-6

1.D　　2.C　　3.B

得分區塊練　B1-9

1.B　　2.A　　3.A　　4.C　　5.D

詳解

4. 列印範圍為不連續頁時，可使用,（逗號）來表示。

情境素養題　B1-10

1.C　　2.D　　3.C　　4.A

詳解

1. 複製格式：Ctrl + Shift + C。

精選試題　B1-10

1.A　　2.A　　3.B　　4.D　　5.A　　6.A　　7.B　　8.A　　9.B

詳解

1. 範本是Word預先設計好的文件樣式檔案，以便使用者可快速完成文件的製作。

4. 狀態列可以顯示文件的頁數、字數、行數，但無法顯示輸入法。

數位科技應用 滿分總複習【解答】

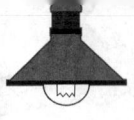

統測試題	B1-11								
1.D	2.A	3.A	4.C	5.B	6.D	7.A	8.B	9.D	10.A
11.A	12.C	13.D	14.C	15.D	16.C	17.A	18.C		

詳解

1. 在文件引導模式下,Word會自動將套用「標題」樣式的文字顯示於導覽窗格中。

2. 勾選「第一頁不同」後,於第2頁、第3頁開始設定頁首資訊,所以第1頁並不會顯示頁首資訊。

4. Microsoft Word預設的範本格式為dotx。

9. PowerDVD:影片播放軟體;
   Nero:燒錄軟體;
   WinRAR:壓縮軟體。

11. Microsoft Word「頁首/頁尾」可以插入圖片。

12. SQL(Structured Query Language)是資料庫管理軟體;
    C Complier是C語言的編譯程式;
    Assembler是組譯程式;
    題目詢問可用來撰寫IC的資料說明書,即是利用Microsoft Word文書處理軟體來編輯。

13. Time is money.
    先用 "key" 取代 "ey" → Time is monkey.
    再用 "m" 取代 "me" → Tim is monkey.。

14. 在Microsoft Word中,欲列印的頁數為不連續頁時,需使用「,」符號。

15. 在Microsoft Word中,快速鍵Ctrl + A為全選、Ctrl + B為加粗、Ctrl + C為複製。

16. A 為設定字元網底;ab 為設定醒目提示; 為設定網底。

17. 剪下:Ctrl + X;貼上:Ctrl + V。

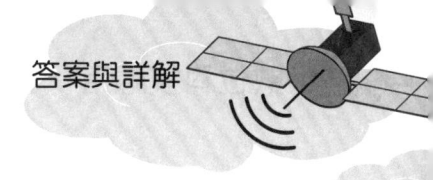

第 2 章　Word文件的編輯與美化

得分區塊練　B2-8

| 1.B | 2.A | 3.C | 4.B | 5.B |

情境素養題　B2-12

| 1.A | 2.D | 3.D | 4.D | 5.D |

精選試題　B2-12

| 1.B | 2.A | 3.A | 4.A | 5.B | 6.D | 7.D | 8.A | 9.C | 10.C |
| 11.A |

詳解

6. F4鍵是重複上一個操作。

11. 選取表格，按Backspace鍵，會刪除整個表格。

統測試題　B2-14

1.B	2.A	3.C	4.C	5.A	6.B	7.B	8.D	9.D	10.C
11.A	12.B	13.B	14.D	15.D	16.A	17.D	18.B	19.B	20.B
21.B	22.C	23.C	24.A	25.D	26.D	27.A	28.C	29.A	30.A
31.A	32.C	33.C	34.B	35.B	36.B	37.B	38.B	39.C	40.D
41.A	42.B

詳解

1. 以分欄編排的內容，與原一欄式編排的內容間，會以分節符號隔開。

2. 在Word的表格中，無法合併不相鄰的儲存格；按Delete鍵僅能刪除表格中的資料。

4. .ppt為簡報檔，無法作為合併列印的資料來源檔案。

17. 「分散對齊」才能使一段文字均同時對齊左右邊界，
「左右對齊」的最後一段若沒有填滿左右邊界，即不會對齊左右邊界。

19. Microsoft Excel可依照設定的條件，進行資料篩選。

30. ①置中對齊；②左右對齊；③底線；④刪除線。

34. 合併列印功能可快速產生多份內容相同，姓名、地址等資料不同的文件。

35. Word的組排文字與並列文字功能皆可製作出文字並排的效果，差別在於：
    - 組排文字：最多只能將6個字並排。
    - 並列文字：無字數上的限制，且能用括弧括住文字。

41. 雖然游標插入點在第一行，但因為第一行行末為↓換行標誌，所以設定行距為「固定行高」與行高為「8pt」時，第一、二行的文字皆無法完整顯示。

單元 2　商業簡報應用

第 3 章　認識簡報軟體

得分區塊練　B3-3

1. C　　2. A

得分區塊練　B3-5

1. A　　2. A　　3. A　　4. D

得分區塊練　B3-7

1. D　　2. D　　3. A

詳解

3. 「大綱模式」是以條列的方式，顯示投影片編輯窗格中的文字，供使用者編修。

得分區塊練　B3-8

1. C　　2. A

詳解

1. 在欲套用的佈景主題按右鍵，選『套用至選定的投影片』，即可在一份簡報套用多種佈景主題。

情境素養題　B3-9

1. B　　2. D　　3. D　　4. B　　5. B

詳解

2. 指揮官的發言逐字納入簡報，會導致簡報內的文字過多，無法突顯重點。

3. 動畫過多容易造成干擾也會模糊簡報焦點。

精選試題　B3-9

1. B　　2. B　　3. A　　4. C　　5. B　　6. D　　7. A　　8. A

詳解

5. PowerPoint 2010以後版本已不支援網頁檔（.html）。

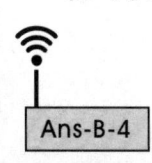

統測試題	B3-10								
1.A	2.C	3.D	4.A	5.A	6.B	7.C	8.A	9.D	10.B
11.D	12.D	13.C	14.C	15.B	16.B				

詳解

1. 回 表示進入標準模式。

2. 第6張投影片標題文字為置中對齊。

3. PowerPoint提供的母片有投影片母片、備忘稿母片以及講義母片；
在某一張投影片修改格式後，該張投影片格式不會受到母片所設定的格式影響；
.pps是一種PowerPoint 2003（含）以前版本的播放檔格式。

6. 在某一張投影片修改格式後，該張投影片格式不會受到母片所設定的格式影響。

10. Microsoft PowerPoint檢視投影片的方式有標準模式、投影片瀏覽、備忘稿、閱讀檢視、大綱模式。

15. PowerPoint提供的母片類型：投影片母片、講義母片、備忘稿母片。

16. 在PowerPoint簡報軟體中，可將檔案輸出成pptx（預設的簡報格式）、ppsx（播放檔的格式）、mp4（視訊檔）。

第4章　PowerPoint的基本操作

得分區塊練　B4-2
1. D　　2. C

得分區塊練　B4-3
1. D　　2. A

■ 詳解

1. 若要調整投影片大小，須在設計的自訂區，按投影片大小，選自訂投影片大小，以設定投影片的尺寸。

得分區塊練　B4-6
1. C　　2. A　　3. D

■ 詳解

3. PowerPoint可插入影片檔。

得分區塊練　B4-9
1. D

情境素養題　B4-10
1. C　　2. B　　3. A　　4. D　　5. D　　6. D　　7. A

■ 詳解

4. wav、mp3、au皆為音訊檔案格式；
   ppsx為PowerPoint的播放檔格式。

5. 講義模式：可將多張投影片（如2、3、4、6、9張）列印在同一頁。

7. 利用「轉場」效果，可設定每隔數秒自動切換投影片。

答案與詳解

精選試題 B4-11

| 1.A | 2.C | 3.C | 4.C | 5.D | 6.C | 7.C | 8.A | 9.A |

詳解

1. 在投影片的頁首、頁尾的設定中，只能設定文字，無法加入圖片，須在母片中加入圖片，才會顯示在每張投影片。

8. 當播放時機設為「接續前動畫」或「隨著前動畫」時，該物件的播放順序編號會與前動畫相同。

統測試題 B4-12

1.C	2.D	3.D	4.B	5.A	6.C	7.B	8.D	9.A	10.D
11.B	12.C	13.D	14.A	15.C	16.A	17.A	18.B	19.C	20.D
21.C	22.C	23.C	24.B						

詳解

1. 在PowerPoint中，可為投影片插入的聲音物件，設定為循環播放。

2. 「-」表示列印連續範圍；「,」表示列印不連續範圍。

3. PowerPoint已將「按一下」改名為「按一下時」；
   將「與前動畫同時」改名為「隨著前動畫」。

10. 大綱模式只會列印投影片的大綱。

12. 利用自訂放映功能可自訂簡報中各投影片的放映順序。

15. 大綱模式：以條列方式顯示投影片的大綱，所以不會列印出圖表。

16. 自動分頁：當列印份數設定超過1份，會先印完整份文件後，再列印第2份。

17. 透過超連結，可開啟相關網頁、檔案、電子郵件，或連至某張投影片。

18. 在播放簡報時，按下【Esc】鍵可結束放映簡報。

19. 放映簡報時：
    - 按↓、Page Down、Enter、N鍵、或滑鼠左鍵，可跳至下一頁。
    - 按↑、Page Up、P、Backspace鍵，可跳至上一頁。
    - 按Esc鍵，可結束投影片播放。

22. 若希望第一張投影片不顯示頁碼，第二張投影片的頁碼為1，須先在頁首及頁尾交談窗中，勾選標題投影片中不顯示，再於投影片大小交談窗中，設定投影片編號起始值為0。

23. ②排練完成後其排練時間可以修改。

單元 3 商業試算表應用

第 5 章 認識電子試算表軟體

得分區塊練 B5-3
1.C　　2.D　　3.B

得分區塊練 B5-4
1.D　　2.D　　3.A

得分區塊練 B5-5
1.A　　2.C

得分區塊練 B5-7
1.C　　2.C　　3.A　　4.C

詳解

4. 選取有數字資料（如5）的儲存格，若直接拖曳「填滿控點」，可將數字複製至拖曳過的儲存格中；若按住Ctrl鍵拖曳，會在儲存格中填入連續性的資料（6、7…）。

得分區塊練 B5-11
1.D　　2.B　　3.A

情境素養題 B5-12
1.C　　2.A　　3.A　　4.D　　5.A

精選試題	B5-12								
1.C	2.A	3.A	4.A	5.D	6.C	7.D	8.B	9.A	10.D
11.B	12.A	13.C	14.C						

詳解

6. A1:A3才是指A1、A2、A3等3個儲存格。

7. A5:C3代表A5、A4、A3、B5、B4、B3、C5、C4、C3等9個儲存格。

8. 按Delete鍵只能刪除儲存格中的資料，在工作表標籤上按右鍵，選『刪除』，才能刪除工作表。

10. 本題是要將19.2改以分數方式來表示（分母最多2位數），其中「#」用來呈現整數，即19；「??/??」表示小數部分（0.2），即1/5，故答案為19 1/5。

14. 格式為「#%」會顯示5126%。

統測試題	B5-14
1.B	2.C	3.B

詳解

2. 減少小數位數鈕：每按一下此鈕可減少一位小數位數，並四捨五入進位。

第6章　Excel資料的計算與分析

得分區塊練　B6-2

1.B　2.B　3.D　4.D

詳解

4. 在儲存格中輸入公式「= 2030/7/10」，其運算結果為29（= 2030/7/10 = 290/10）。

得分區塊練　B6-3

1.C　2.A　3.B　4.D　5.D　6.C

得分區塊練　B6-9

1.B　2.A　3.C　4.D　5.C　6.C　7.A

詳解

1. Excel無ADD與RANGE函數；
   SUM：計算總和；
   COUNT：計算含有數值資料的儲存格個數；
   RANK：計算排名。

3. MIN：找出指定儲存格資料中的最小值，執行MIN(A1:A4)會得到-4。

得分區塊練　B6-13

1.A　2.D

得分區塊練　B6-15

1.B　2.C　3.A

得分區塊練　B6-17

1.A　2.C　3.B

情境素養題　B6-18

| 1.C | 2.D | 3.B | 4.D | 5.D | 6.A |

詳解

1. 柏翰描述的情況會顯示「#DIV/0!」；
   郁雯描述的情況會顯示「#N/A」；
   家宸描述的情況會顯示「#VALUE!」。

2. ROUND( )是用來將數值四捨五入取到某一位數。

精選試題　B6-19

1.C	2.C	3.B	4.C	5.A	6.B	7.C	8.D	9.A	10.C
11.D	12.B	13.C	14.C	15.C	16.C	17.B	18.D	19.A	20.C
21.D	22.B	23.B	24.C	25.D	26.B	27.C	28.A	29.C	

詳解

1. ROUND(AVERAGE(C1:C3), -1) = ROUND(11, -1) = 10。

10. SUM( )：計算總和；
    AVERAGE( )：計算平均；
    COUNT( )：計算存有數值資料的儲存格數目；
    MAX( )：找出最大值。

13. 插入註解的儲存格，其右上角會出現紅色三角形；
    按Delete鍵，只會刪除儲存格內的資料，不包含格式設定；
    COUNTA( )函數是用來計算「非空白」的儲存格個數。

14. 儲存格C1相對於儲存格D2為右移1欄、下移1列，因此公式中相對參照的部分為欄名 + 1、列號 + 1，絕對參照的部分則不改變。
    儲存格D2顯示的值為 = IF(B2 > B3, $A2 - B$2, B$2 - $A2) = IF(4 > 3, 6, -6) = 6。

15. SUMIF( )：將指定範圍內符合條件式的資料進行加總。因儲存格A1～A5中，只有儲存格A1與A2的值小於30，故加總此二儲存格的值，即30（= 10 + 20）。

16. VLOOKUP(3.8, A1:C3, 3)表示要在儲存格A1～C3範圍的最左欄，找到與數值3.8最相近、且不能超過的數值，即儲存格A2，並傳回與儲存格A2同列的第3欄儲存格之值（即儲存格C2的值）。

18. AVERAGE(12, 34, 56) = 34；
    COUNT(12, 34, 56) = 3；
    MIN(12, 34, 56) = 12；
    SUM(12, 34, 56) = 102。

20. SUM(A1:A3) = 120；SUM(A1, A3) = 70；MAX(A1, A3) = 40。

21. SUM(A1:B2) = 100；AVERAGE(A1:B2) = 25；AVERAGE(A1, B2) = 30。

27. 從A3儲存格可看出，此樞鈕分析表是以「加總」的方式統計，所以總計60,923代表整個研發部門發放獎金總金額。

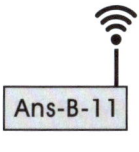

數位科技應用 滿分總複習【解答】

統測試題	B6-23								
1.B	2.B	3.C	4.C	5.C	6.D	7.B	8.A	9.A	10.C
11.C	12.A	13.C	14.B	15.D	16.A	17.A	18.C	19.D	20.A
21.A	22.B	23.C	24.C	25.B	26.C	27.D	28.C	29.D	30.B
31.A	32.D	33.C	34.A	35.B	36.C	37.D	38.D	39.A	40.B
41.C									

詳解

1. = COUNTIF(A1:A5, "> -5") 結果為4；
   = IF(A2 > A3, A1, A4)結果為5；
   = RANK(A2, $A$1:$A$5) 結果為4；
   = ROUND(SUM(A1:A5) / 2, 0) 結果為4。

2. 樞紐分析功能可快速從多筆大量資料中，彙整及統計出關鍵的資訊。

3. 「取代目前小計」功能會將原先的小計資料取代。

4. 雷達圖的資料數值會從中心點擴散，距離中心點越遠代表數值越高。

10. INT(X)：取小於等於X的最大整數，
    ROUND(X, n)：將X四捨五入至小數n位。
    INT(ROUND(16.59, -1) + ROUND(5.26, 1) + ROUND(-27.63, -1))
    = INT(20 + 5.3 + (-30)) = INT(-4.7) = -5。

11. 儲存格A4相對於儲存格B4為右移1欄，因此公式中相對參照的部分為欄名 + 1，絕對參照的部分則不改變。
    儲存格B2顯示的值為 = $A1 + B$2 - $A$3 = 20 + 70 - 60 = 30。

13. $絕對參照位址：複製公式時不會因儲存格位址的改變而改變公式內容。

	A	B	C	D
1	5	4	= $A$1 * B1	= $A$1 * C1
2	3	2	= $A$1 * B2	= $A$1 * C2

14. = 5 - 7 * 3 = 5 - 21 = -16；= 4 ^ 3 <= 12 → 64 <= 12 → FALSE；
    &表示字串連接，= 123 & 456 = 123456。

15. B4:C5表示B4、C4、B5、C5（共4個），
    D2表示D2（共1個），
    E1:E3表示E1、E2、E3（共3個），
    所以4 + 1 + 3 = 8。

17. = IF(50 > 80, A1 / 2, IF(A1 / 2 > 30, A1 * 2, A1 / 2))
    = IF(false, A1 / 2, IF(A1 / 2 > 30, A1 * 2, A1 / 2))
    = IF(25 > 30, A1 * 2, A1 / 2)
    = IF(false, A1 * 2, A1 / 2)
    = 25。

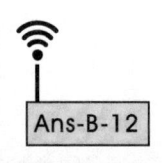

18. = SUM(A$2:A$4, MAX($A$1:$A$5)) = SUM(A$2:A$4, 9) = SUM(6, 7, 8, 9) = 30。

22. 表示方式：[活頁簿名稱]工作表名稱!儲存格參照位址。

23. = IF(MOD(C1, 2) = 0, IF(MOD(C1, 3) = 0, 10, 100), 1000)
    = IF(TRUE, IF(FALSE, 10, 100), 1000)
    = IF(TRUE, 100, 1000)
    = 100。

24. = MAX(COUNTIF(B1:B5, "> -2"), COUNTIF(B1:B5, "< 0")) = MAX(3, 2) = 3；
    = IF(B2 > B3, ABS(B1), ABS(B4)) = IF(FALSE, 4, 3) = 3；
    = ROUND(AVERAGE(B1:B5), 0) = ROUND(1, 0) = 1；
    = VLOOKUP(B4, B1:B5, 1) = VLOOKUP(B4, B1:B5, 1) = 3；
    故(C)與其他不同。

25. 儲存格A3的公式「= $A1 + A$2」複製到儲存格A3後，公式為「= $A1 + B$2」，
    計算值為 = 20 + 70 = 90。

28. 圓形圖：適合用來顯示資料占比。
    注意！無論是在PowerPoint、Word插入圖表，都會開啟Excel進行圖表數據的整理，故將此相關概念統整於本章說明。

29. MID(X, n, m)表示從X字串中，第n個位置起擷取m個字元；
    &表示字串連接；
    假設A1儲存格為 "A123456789"，MID(A1, 1, 2) = A1、MID(A1, 9, 2) = 89，
    故MID(A1, 1, 2) & " XXXXXX " & MID(A1, 9, 2) = A1 XXXXXX 89。

30. B2儲存格公式「= B$1 * A2」，D2儲存格相對於B2為右移2欄，
    因此相對參照的部分欄名 + 2，絕對參照不變，故D2儲存格公式 = D$1 * C2。
    C2儲存格相對於B2為右移1欄，因此相對參照的部分欄名 + 1，絕對參照不變，
    故C2儲存格公式 = C$1 * B2 = 2 * 1 = 2，D2儲存格公式 = D$1 * C2 = 3 * 2 = 6。

31. 「$A1」只有欄採絕對參照。

32. &為字串連接，所以B5儲存格輸入 = A2 & B2 = 0.2 & 0.5 = 0.20.5；
    MAX函數為找出範圍內的最大值，C5儲存格輸入 = MAX(B1:B3, A2:C2) = 2。

33. VLOOKUP(3, $A$2:$D$5, 4)，說明如下：
    - 3代表要尋找的值
    - $A$2:$D$5代表尋找的範圍
    - 4代表找到與3相符的儲存格後，傳回該列中第4欄的值，即為細胞培養。

35. 使用IF( )函數來判斷會員的性別、使用MID( )函數來取身分證字號第2碼。

36. 當A2為 "A223456781"，LEFT(A2, 4) = A223；
    &為字串連接；
    故LEFT(A2, 4) & "******"，結果為A223******。

38. 儲存格E5輸入 = SUMIF(B2:D4, C3) = 8，表示將儲存格範圍B2:D4中與儲存格C3一樣為2的值加總，故B4 + C2 + C3 + C4 = 2 + 2 + 2 + 2 = 8。

40.
- $B$3:$B$7：正確用法，絕對參照位址，複製公式不會改變範圍。
- $B3:$B7：會出現錯誤，列號會跟著複製公式而變動。
- B$3:B$7：在複製公式時，列號固定即不會跟著複製公式而變動，符合公式需求。
- B3:B7：會出現錯誤，列號會跟著複製公式而變動。

41. (B2:D2)代表從B2到D2連續儲存格範圍。

單元 4　雲端應用

第 7 章　網路帳號與雲端應用

得分區塊練 B7-4

1. D　　2. D

詳解

1. 使用者有多個網路帳號時，應使用不同密碼，避免當有一組密碼被破解後，使其他帳號也被入侵。

得分區塊練 B7-9

1. C　　2. A

詳解

1. 「詳答」題目類型：可讓受訪者輸入多行文字。

2. FileCloudFun：離線下載工具；
   WeViDeo：線上影音剪輯工具；
   Google繪圖：線上繪圖工具。

情境素養題 B7-10

1. D　　2. A

詳解

1. 「核取方塊」題目類型：多個選項可選多個；
   「詳答」題目類型：可輸入多行文字。

數位科技應用 滿分總複習【解答】

精選試題 B7-10

| 1.C | 2.B | 3.A | 4.B | 5.D | 6.D | 7.D | 8.B |

詳解

3. 網路帳號代表使用者在網站上的身分，常會以電子郵件地址、手機號碼、身分證統一編號等做為使用者的網路帳號，並設定密碼。

4. 使用iOS裝置，其LINE訊息會自動備份至iCloud。

5. Google日曆中的工作是指一項在將來某一個特定時間點要開始或完成的事情。

8. Microsoft 365：雲端版辦公室軟體；
   WeViDeo：線上影音剪輯工具；
   FileCloudFun：離線下載工具。

統測試題 B7-11

| 1.C | 2.D | 3.A | 4.D | 5.B | 6.D | 7.B |

詳解

2. 在Google表單中，預設可按 ➕ 鈕直接在Google試算表中開啟回覆資料進行分析統計。

3. 姓名、電子郵件信箱、手機號碼皆適合使用簡答。

4. Azure雲端運算平台是提供給企業資訊開發團隊使用的雲端運算平台，可協助企業用於資料倉儲、巨量資料上的進階分析等應用。

7. ①血型種類少（如A、B、O、AB），可用「選擇題」從多個選項只選一個血型；
   ②下拉式選單只能選一個項目，不能符合選擇多種興趣，應使用「核取方塊」；
   ③線性刻度無法用來填寫個人姓名及電話，應使用「簡答」；
   ④核取方塊可多選，適合用來選擇多個有空的時段；
   ⑤「簡答」只適合單行輸入，要多行輸入應使用「詳答」。

答案與詳解

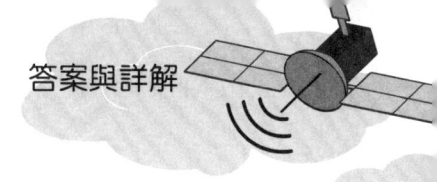

第 8 章　雲端影音資源與行動裝置App之應用

得分區塊練　B8-4

1.B　　2.A

詳解

1. YouTube的影片播放模式有全螢幕模式、迷你播放器模式、劇院模式。

2. 所有通知：只要該頻道有上傳影片或進行直播時，訂閱者就會收到通知。

得分區塊練　B8-6

1.D　　2.A

詳解

1. 591房屋交易是房屋仲介App；
   Spotify是雲端數位影音資源平台；
   USPACE停停圈是交通共享App。

情境素養題　B8-7

1.D　　2.A　　3.B

詳解

1. 「車麻吉」是一款提供道路交通資訊及停車位搜尋的App。

2. Your Closet是服飾穿搭App；Cookpad是食譜分享App；
   漫畫貓是動漫小說App；Waze是道路交通資訊App。

3. NETFLIX：是一款源自美國的線上影音串流服務平台，內容包含影集、電影等，影片大多由電視台、製片公司製作並授權播放。

精選試題　B8-7

1.A　　2.B　　3.C　　4.A　　5.C　　6.A　　7.D　　8.B

詳解

1. Pixabay為雲端數位影像平台，提供高畫質影像，並以CC0授權方式供使用者使用。

2. 公開：所有使用者均可看；
   不公開：知道網址者才能觀看；
   私人：自己及自己所選擇的友人才能觀看。

4. KKBOX、YouTube、NETFLIX皆為雲端數位影音資源平台。

6. 隨選視訊（Video On Demand, VOD）。

8. SparKlean Laundry是衣物送洗App。

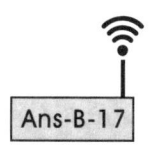

數位科技應用 滿分總複習【解答】

統測試題	B8-8
1.A	

詳解

1. 影片可設定的瀏覽權限有以下3種：
   - 公開：所有使用者均可看。
   - 不公開：知道網址者才能觀看。
   - 私人：自己及自己所選擇的友人才能觀看。

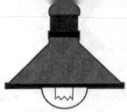

   故僅供專題小組成員觀看學習，適合將影片瀏覽權限設定為私人。

單元 5　影像處理應用

第 9 章　影像處理

得分區塊練　B9-3

| 1.D | 2.C | 3.A |

詳解

1. $(3 \times 100) \times (2 \times 100) = 60{,}000$。

2. $\dfrac{900}{300} \times \dfrac{600}{300} = 3$吋 $\times$ 2吋。

得分區塊練　B9-8

| 1.C | 2.A | 3.D | 4.D | 5.A | 6.A |

詳解

5. 256色灰階影像每個像素點使用8bits（即1byte）來記錄色彩，
$600 \times 800 \times 1\text{byte} = 480{,}000\text{bytes}$。

6. 黑白影像佔用的容量：$300 \times 200 \times 1\text{bit} = 60{,}000\text{bits} = 7{,}500\text{bytes}$；
256色影像佔用的容量：$300 \times 200 \times 1\text{byte} = 60{,}000\text{bytes}$；
$60{,}000 - 7{,}500 = 52{,}500\text{bytes}$。

情境素養題　B9-9

| 1.D | 2.B | 3.B |

詳解

1. 灰階照片最多可記錄256種色彩。

數位科技應用　滿分總複習【解答】

精選試題　B9-9

1.B	2.C	3.A	4.A	5.D	6.A	7.D	8.B	9.C

詳解

1. 設該張點陣圖檔的解析度為x，則 $\frac{1,024}{x} \times \frac{1,280}{x} = 4 \times 5$；x = 256。

2. BMP格式的圖檔為點陣圖。

3. 在相同列印解析度下，影像的長寬像素越大，列印尺寸越大。

5. Illustrator主要用來繪製向量圖。

7. 色彩品質32位元可顯示色彩數為：$2^{32} = 2^{30} \times 2^2$ = 1GB × 4 = 4GB。

9. 640 × 480 × 24bits = 7,372,800bits；
　800 × 600 × 8bits = 3,840,000bits；
　1,240 × 768 × 8bits = 7,618,560bits；
　1,400 × 800 × 1bit = 1,120,000bits。

統測試題　B9-10

1.B	2.C	3.A	4.D	5.C	6.C	7.A	8.D	9.B	10.B
11.C	12.B	13.B	14.D	15.B	16.A	17.C	18.D	19.D	20.A
21.B	22.A	23.D	24.D	25.D					

詳解

1. PhotoImpact為影像處理軟體，可用來將照片中的電線桿去除。

2. 檔案大小 = (4 × 300) × (6 × 300) = 2,160,000bytes = 2.16MB。

6. 2^8 = 256。

7. $\frac{1,920 \times 1,080 \times 16 \times 60,000 \times 3}{8 \times 1,024 \times 1,024 \times 1,024}$ = 695.23GB，所以需要1TB的儲存裝置才存得下。

9. 全彩可記錄 2^{24} 種顏色；
　印表機是以CMYK四種顏色的顏料來產生色彩；
　手機螢幕是透過RGB三原色來呈現色彩。

10. A影像（全彩影像）：800 × 600 × 24 bits ≒ 1.38 MB；
　　B影像（256色影像）：1024 × 768 × 8 bits ≒ 0.75 MB；
　　C影像（灰階影像）：1600 × 1200 × 8 bits ≒ 1.83 MB。

13. 甲影像：乙影像 = 400 × 400 × 24：800 × 800 × 8 = 3：4。

16. HSB色彩模式：
    - H（色相）：色彩的種類，例如紅色、黃色、綠色等。
    - S（彩度）：色彩中的單色含量，單色含量越高，色彩會越鮮艷。
    - B（明度）：色彩的明亮程度，明度越高，色彩越亮；明度越低，色彩越暗。

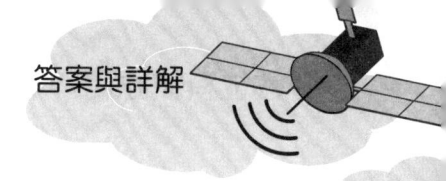

18. 以(100%, 100%, 100%, 0%)比例混合所得顏色為「近似黑」。

19. R、G、B之顏色變化各分別以16位元表示，所以三原色共可表示$2^{(16 \times 3)} = 2^{48}$種顏色。

20. HSB 是以H（色相）、S（彩度）、B（明度）等三元素來描述顏色；
    CMYK 之青色、洋紅色、黃色及黑色各以 0～100%來表示；
    電視、電腦及手機等螢幕呈現的色彩是使用RGB的混色方式。

21. $1,920 \times 1,080 \times 24$ bits = 49,766,400 bits ÷ 8 ÷ 1,024 ÷ 1,024 = 5.93 MBytes。

23. - 高解析度的點陣圖放大後仍會失真。
    - 4096×2160 = 約884萬像素，1920×1080 = 約207萬像素，故約為4倍。
    - 影像檔案的大小：$4096 \times 2160 \times 3$ Bytes = 約為26 MB。

25. - 色彩三原色是 R（Red，紅）、G（Green，綠）、B（Blue，藍）。
    - 將RGB原色加以混合，色彩會越加越亮，故此種混色法又稱為加色法。
    - 色彩的三要素是色相（Hue）、彩度（Saturation）、明度（Brightness）。

第 10 章　PhotoImpact影像處理軟體

得分區塊練　B10-1

1.C　　2.A

得分區塊練　B10-6

1.B　　2.C　　3.D　　4.A

情境素養題　B10-7

1.C　　2.A　　3.C

精選試題　B10-7

1.A　　2.B　　3.B　　4.C　　5.D　　6.D　　7.D　　8.B　　9.A　　10.D

詳解

5. 變形工具可改變物件形狀，但無法改變物件色彩。

7. 基底影像的設定不會影響物件。

8. 建立選取區後，按Space鍵可取消選取範圍。

統測試題　B10-8

| 1.A | 2.B | 3.C | 4.B | 5.D | 6.C | 7.D | 8.B | 9.D | 10.B |
| 11.A | 12.D | 13.B | 14.C | | | | | | |

詳解

1. PhotoImpact為影像處理軟體，無法為圖片加入背景音樂。

2. 套索工具是利用點按或拉曳方式來選取不規則的範圍。

7. JPG檔案是屬於點陣圖；
   JPG檔案的圖檔內容不會隨著電腦螢幕畫面更換而自動更新；
   JPG檔案採破壞性壓縮，影像會產生失真的現象。

11. Windows Media Player屬於影音播放軟體；
    Internet Explorer屬於瀏覽器軟體；
    Gif Animator屬於動畫軟體。

單元 6　網頁設計應用

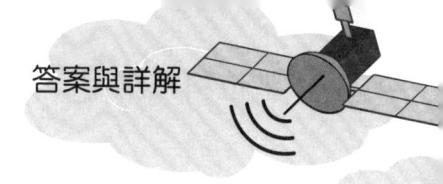

第 11 章　網站規劃與網頁設計

得分區塊練　B11-5

| 1.A | 2.C | 3.B | 4.D | 5.B | 6.D | 7.A |

詳解

2. 首頁（home page）：進入網站的第1個網頁。

7. 使用容量太大的多媒體檔案，會拖慢網頁開啟的速度。

得分區塊練　B11-7

| 1.D | 2.C | 3.B | 4.A |

詳解

1. 副檔名為TMP的檔案是暫存檔。

3. 一般網站首頁預設的檔案名稱為index.html、index.htm、default.html、default.htm。

4. pptx是PowerPoint檔案的副檔名。

得分區塊練　B11-17

| 1.C | 2.B | 3.C | 4.C | 5.C | 6.D | 7.C | 8.B |

詳解

1. html是構成網頁的基礎語言；
   標籤一般是成對出現，但有少數例外；
   html語言大小寫沒有區別。

4. H1為第一級標題，字體最大，H6的字體最小。

情境素養題　B11-25

| 1.B | 2.A | 3.D | 4.C |

詳解

1. 預算：下拉式選單；
   出遊日期：日期；
   出遊意願：單選欄位。

數位科技應用 滿分總複習【解答】

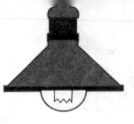

精選試題	B11-25								
1.A	2.A	3.B	4.C	5.D	6.A	7.C	8.B	9.C	10.A
11.B	12.B	13.C	14.A	15.C	16.A	17.D	18.B	19.C	20.B
21.C	22.D	23.C	24.A	25.B	26.C	27.A	28.A	29.C	

詳解

7. 如果瀏覽者的電腦沒有安裝特殊字型，則套用特殊字型的文字會自動改以新細明體或細明體顯示。

12. 順序為<X><Y><Z>開始的標籤，其結尾必須以「反向」的順序來排列；
    HTML檔案以<HTML>為起始標籤，</HTML>為結束標籤；
    <H1>標籤的字體比<H6>標籤字體大。

15. LOWSRC：優先載入低解析度的圖片，避免瀏覽者等候時間過長；
    ALIGN：設定圖片的對齊方式；
    HSPACE：設定圖片的左右邊界。

統測試題	B11-27								
1.A	2.A	3.D	4.D	5.B	6.A	7.C	8.A	9.D	10.B
11.D	12.B	13.D	14.A	15.D	16.A	17.D	18.B	19.A	20.B
21.A	22.B	23.B	24.B	25.C	26.D	27.A	28.B	29.B	30.C
31.A	32.A	33.B	34.A	35.C	36.D	37.D	38.C	39.A	40.D
41.A	42.A	43.D	44.A	45.A	46.C	47.D			

詳解

1. Web 2.0概念是強調網路資源的提供與分享，以彙集群體的智慧。

2. HTML網頁檔可用瀏覽器來檢視。

3. <title>…</title>用來設定瀏覽器標題列的文字，即網頁的標題。

4. .ufo為PhotoImpact預設的副檔名。

5. <H1>為第一級標題，字體最大，<H6>的字體最小。

15. CSS可以存成樣式檔（.css）；
    大部分瀏覽器皆支援CSS；
    CSS只具有設定網頁外觀的功能，不具有加密功能。

18. <h1> … </h1>為第一級標題，字體最大；
    標題級別由h1到h6；
    <font> … </font>為文字格式設定；
    <hyperlink> … </hyperlink>為錯誤用法。

19. 一組<tr> … </tr>表示一列儲存格；
    一組<td> … </td>表示一個儲存格。

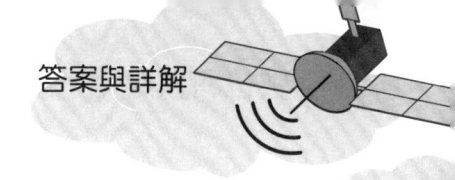

25. <tr>…</tr>：表格列；
    <td>…</td>：儲存格；

：文字換行。

29. 一組<tr>…</tr>表示1列儲存格；
    一組<td>…</td>表示1個儲存格，
    一般都是<td>…</td>放在<tr>…</tr>內。

30. <table cellpadding = …>可用來設計表格欄位內元素與邊框間的距離；
    <table border = …>為調整表格外框粗細；
    <body bgcolor = …>為設定主體背景顏色。

31. <i>…</i>文字變斜體；
    <u>…</u>文字加底線。

35. 在HTML語法中，
為文字換行。

36. <title>…</title>是設定瀏覽器標題列或索引標籤的文字，即網頁的標題。

37. <table>…</table> 為表格標籤；
    <center>…</center>為將文字或圖片置中；
    <p>…</p>為文字換段。

38. <title>…</title>：設定瀏覽器標題列的文字，即網頁的標題。

39. 要在HTML語言中使用CSS語法，可在<head>…</head>之間，以<style>…</style>標籤來定義共用樣式。

40. PWS（Personal Web Server）是指個人網站伺服器。

41. <u>…</u> 為文字加底線。

42. 「text-align:屬性值」是設定文字的水平對齊方式；
    「border-color:屬性值」是設定圖片邊框顏色；
    「background-color:屬性值」是設定背景色彩。

43. button：按鈕、checkbox：核取方塊、circle無此元件、radio：選項按鈕。

45. #FFFF00為黃色、#FF00FF為洋紅色、#00FFFF為青色、#00FF00為綠色。

46. • h1：用來設定文字大小，h1為第一級標題，字體最大，標題級別由h1到h6。
    • title：用來設定瀏覽器標題列或索引標籤的文字，即網頁的標題。
    • caption：用來設定表格標題。

47. select：下拉式選單、checkbox：多選按鈕、button：按鈕、radio：單選按鈕。

第 12 章　網頁設計軟體

得分區塊練　B12-10

| 1.C | 2.D | 3.B | 4.A | 5.D | 6.A |

詳解

2. 題目中的網頁是由4個頁框及1個頁框組組成，因此共要存成5個檔案。

6. _top：整頁；_blank：開新視窗；_parent：父頁框；_self：相同頁框。

情境素養題　B12-11

| 1.C | 2.D | 3.A | 4.D |

詳解

1. _self：在相同頁框開啟；
   _blank：以新視窗開啟；
   _parent：在超連結所在的框架式網頁中開啟；
   _top：以全視窗開啟。

精選試題　B12-11

| 1.B | 2.C | 3.A | 4.A | 5.C | 6.D | 7.C | 8.A | 9.D | 10.C |
| 11.D | 12.A |

詳解

10. 父頁框：在超連結所在的框架式網頁中，開啟要連結的網頁。

統測試題　B12-12

| 1.D | 2.A | 3.C | 4.A | 5.A | 6.A | 7.A | 8.B | 9.C |

詳解

1. 以完整路徑來表示標的位置的表示法稱為絕對路徑，例如c:\data\email.txt。

2. 框架式網頁是由1個頁框組與數個頁框所組成，儲存時，框架頁與框架必須分開儲存，故上、下頁框及頁框組共3個html檔。

6. target = "_blank"：以新視窗顯示要連結的目標網頁；
   target = "_parent"：在超連結所在的框架式網頁中，開啟要連結的目標網頁；
   target = "_top"：以全視窗顯示要連結的目標網頁。

8. 圖檔連結路徑不正確，應將第7行語法修改為
   <img src = "imgs/Yushansnow.jpg" width = 50%>

9. 超連結：<a Href = "網址">文字</a>；
   _self：在相同頁框（原視窗）開啟連結的目標網頁。

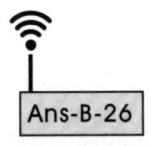

單元 7　電子商務應用

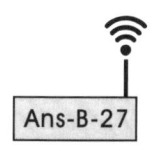

第13章　電子商務平台的認識

得分區塊練　B13-2

1.C　2.B

得分區塊練　B13-4

1.A　2.D

詳解

1. 網路開店平台提供專屬網址的線上購物商店，並不會與其他店家組成一個交易平台。

得分區塊練　B13-7

1.C　2.C　3.B

詳解

2. 部分醫療器材、菸酒等皆不能在網站上販售。

情境素養題　B13-9

1.B　2.C　3.B

詳解

2. 棉花棒屬於第一等級醫療器材，商家須持有醫療器材許可證，才可在網路上販售。

精選試題　B13-9

1.B　2.C　3.A　4.D　5.D　6.B　7.C

詳解

4. 會員分級設定通常是在「顧客管理系統」服務。

統測試題　B13-10

1.B

第 14 章　線上購物商店的規劃、架設與管理

得分區塊練　B14-4

1. B　2. D

情境素養題　B14-6

1. D　2. A

▌詳解

2. 將惡意棄標的顧客加入黑名單，可防止顧客再來自己的賣場出價競標或購買商品，但無法提高商品曝光度。

精選試題　B14-6

1. A　2. C　3. B　4. D　5. D

▌詳解

1. SMART原則：目標須具體、目標須可衡量其質量、目標須可達成、每個目標須具有關聯性、每個目標須設定要達成的期限。

4. 當顧客要放棄購買（棄標）或商品缺貨時，賣家可將訂單取消。

5. 買賣雙方皆可依據交易過程的滿意度來給予對方評價。

統測試題　B14-7

1. A　2. C

NOTE

數位科技概論&數位科技應用 滿分總複習解答本

編 著 者	旗立資訊研究室
出 版 者	旗立資訊股份有限公司

住 址	台北市忠孝東路一段83號
電 話	(02)2322-4846
傳 真	(02)2322-4852
劃 撥 帳 號	18784411
帳 戶	旗立資訊股份有限公司
網 址	http://www.fisp.com.tw
電 子 郵 件	school@mail.fisp.com.tw
出 版 日 期	2021 / 5月初版
	2025 / 5月五版
I S B N	978-986-385-403-6

光碟、紙張用得少
你我讓地球更美好

Printed in Taiwan

※著作權所有，翻印必究

※本書如有缺頁或裝訂錯誤，請寄回更換

大專院校訂購旗立叢書，請與總經銷
旗標科技股份有限公司聯絡：
住址：台北市杭州南路一段15-1號19樓
電話：(02)2396-3257
傳真：(02)2321-2545